BEITRÄGE ZUR THEORIE DER KABEL

UNTERSUCHUNGEN ÜBER DIE KAPAZITÄTSVERHÄLTNISSE DER VERSEILTEN UND KONZENTRISCHEN MEHRFACHKABEL

VON

Dr.-Ing. LEON LICHTENSTEIN

MIT 39 FIGUREN

MÜNCHEN UND BERLIN
DRUCK UND VERLAG VON R. OLDENBOURG
1908

Vorwort.

Das Problem der elektrischen Strömung in langen zylindrischen Leitern war in den letzten Jahren Gegenstand einer großen Reihe von Arbeiten, die, soweit sie von Elektrotechnikern herrühren, zum Teil dem Gebiet der Schwachstrom- zum Teil dem der Kabeltechnik gehören. Bei aller Verschiedenheit des Inhaltes haben diese Arbeiten folgendes gemeinsam: sie gehen sämtlich von dem Begriff eines ideellen Leiters aus, d. h. eines Leiters, der mit gleichmäßig verteiltem Widerstand, Induktivität, Kapazität und Stromableitung ausgestattet und fern von allen anderen Leitern gedacht wird.

Der Fall einer Doppelluftleitung und eines konzentrischen Zweileiterkabels läßt sich auf den vorerwähnten Fall sofort zurückführen. Geht man zu den technisch besonders wichtigen Leitersystemen: verseilten Zwei- und Dreileiterkabeln über, so verlieren die Formeln, die für einen ideellen Leiter abgeleitet worden sind, ihre Gültigkeit. Statt einer Kapazität pro Längeneinheit werden in der Regel mehrere verschiedene Kapazitäten eingeführt, was die Betrachtung unübersichtlich macht und leicht zu Fehlern führen kann. Dasselbe gilt für die Induktivität. Bei Dreileiterkabeln will man die Kapazität eines Leiters gegen den Bleimantel und die je zweier Leiter gegeneinander unterscheiden und setzt für das Kabel das bekannte Schema mit 6 Kondensatoren (s. Fig. 4) ein.

Für Untersuchungen, die die Stromleitung in Kabeln betreffen, wäre es indessen von Wert, wenn man jedes Kabel durch einen äquivalenten ideellen Leiter ersetzen könnte, da die elektrischen Eigenschaften der zuletzt genannten Gebilde hinreichend bekannt sind. Das ganze schwierige Gebiet der mehrphasigen Kabel würde wesentlich durchsichtiger erscheinen, wenn man bei jedem einzelnen Kabelstück nur von e i n e r (scheinbaren, wirksamen oder Betriebs-) Kapazität pro Längeneinheit und e i n e r scheinbaren, wirksamen oder Betriebs-Selbstinduktivität pro Längeneinheit reden könnte.

Betrachtungen, die eine Reduktion von Mehrleiterkabeln auf ideelle Leiter, soweit Kapazitätsverhältnisse in Frage kommen, zum Ziele haben, sollen den Gegenstand dieser Arbeit bilden, nachdem sie in einem Spezialfalle in der E.T.Z. zum Ausdruck gebracht worden sind.[1]) Die vorliegenden Untersuchungen sind sehr allgemein und eingehend gehalten. Der Verfasser geht von einem allgemeinen n-Leiterkabel aus und macht über die Gestalt der Spannungskurven keine beschränkenden Voraussetzungen.

Bei sinusförmigen Spannungskurven und einer näher definierten Symmetrie des Kabelquerschnittes läßt sich jedes Kabel für die Rechnung durch einen gleichwertigen Kondensator ersetzen (Kap. I). Die Kapazitätskonstanten der Kabel können leicht gemessen werden; wie sie durch Rechnung mit genügender Annäherung zu ermitteln sind, wird im Kap. III gezeigt. Der Betrachtung der Kapazitätsverhältnisse der konzentrischen und Einfachkabel ist Kap. II gewidmet.

Geht man jetzt zu beliebigen Spannungskurven über, so zeigt sich die interessante Tatsache, daß die »scheinbare Kapazität« eines Kabels sich mit der Form der Spannungskurve ändert. Genauer: ist die Kurve der Spannung nicht sinusförmig, so kann sie in einzelne harmonische Komponenten $E_1\ E_2\ \ldots\ E_n$ zerlegt werden. Für jede Komponente E_n wird der Ladestrom aus der Formel

$$\overset{\text{Amp.}}{J_n} = 2\pi \sim_n \overset{\text{Volt}}{E_n} \cdot \overset{\frac{\text{Farad}}{\text{km}}}{\gamma_o} \cdot \overset{\text{km}}{l}$$

ermittelt. Die Übereinanderlagerung aller Teilströme J_n ergibt den resultierenden Ladestrom J. Es zeigt sich nun, daß für alle verseilten Kabel mit Ausnahme der mit nur zwei Leitern die »Kapazität p. 1 km« γ_o für höhere harmonische Komponenten anders als für die Grundschwingung ist. Bei Dreileiterkabeln ist die Zahl der von einander verschiedenen »Betriebs-Kapazitäten« gleich zwei; bei Mehrleiterkabeln wird sie größer.

Als eine Anwendung der allgemeinen Theorie erscheint die Feststellung der Spannung, die bei isoliertem Bleimantel zwischen diesem und dem Eisenmantel unter Umständen auftreten kann. (Kap. III, Abschnitt 3 u. 5.) Diese Spannung kann, wie an einem Zahlenbeispiel gezeigt wird, für die Isolation zwischen den beiden Mänteln gefährlich werden.

Die Formeln für die Kapazitätskonstanten der verseilten Mehrfachkabel gestatten noch eine andere Anwendung. Sie gestatten die Berechnung der im Betrieb auftretenden Kabelerwärmung.[1]) Auf diesen Gegenstand, als dem Kern der Betrachtung fernliegend, wird in dieser Untersuchung nicht weiter eingegangen.

Wir haben, bevor wir schließen, noch einige Bemerkungen über das in dieser Arbeit benutzte Maßsystem zu machen. Es hat sich als zweckmäßig erwiesen, bei den Betrachtungen über die Kapazität die absoluten elektrostatischen Maßeinheiten zu gebrauchen, weil die sich dabei ergebenden Formeln von numerischen Faktoren frei sind. Durch Hinzufügen passender numerischer Faktoren wird zu den technischen Einheiten übergegangen.

[1]) Vgl. E.T.Z 1904, Heft 6 u. 7. Vgl. auch die denselben Gegenstand behandelnden Arbeiten von Dr. Breisig und Dr. Kath, E.T.Z. 1902, Heft 52 u. E.T.Z. 1903, Heft 3.

[1]) Vergleiche E.T.Z. 1905, Heft 6: »Über die Wärmeleitung in einem verseilten Kabel« von Dr. G. Mie.

Dementsprechend sind in den Kapiteln I, II, III alle Größen, wenn nicht ausdrücklich das Gegenteil bemerkt ist, in absoluten elektrostatischen Einheiten (c. g. s.) ausgedrückt. In Gebrauchsformeln kommen alle Größen stets in technischen Maßeinheiten vor.

Nun noch einige Worte über die durchgängig benutzten Bezeichnungen. In dieser Hinsicht hatte der Verfasser manche Schwierigkeiten zu überwinden; es war ihm leider nicht möglich, von der gewiß unerwünschten Benutzung der Doppellindices abzusehen. Dies ist aber in einer Arbeit, in der die momentanen, maximalen und effektiven Werte des Stromes und der Spannung fortlaufend nebeneinander zu betrachten sind, nicht zu vermeiden.

Die wichtigsten durchgängig gebrauchten Bezeichnungen seien im folgenden zusammengestellt:

Potential bei Gleichspannung, Effektivwert der Spannung gegen Erde bei Wechselspannung V
Maximalwert der Sp. g. Erde . . . . V_m
Momentanwert der Sp. g. Erde . . . . V_t
Konstante Ladung, Effektivwert einer wechselnden Ladung . . . . Q
Maximalwert der Ladung . . . . Q_m
Momentanwert der Ladung . . . . Q_t
Konstante Klemmenspannung, Effektivwert der Wechselspannung zwischen den Leitern . . . . E
Maximalwert der Spannung zwischen den Leitern . . . . E_m
Momentanwert der Spannung zwischen den Leitern . . . . E_t
Die analogen Werte für den Strom . . J, J_m, J_t
Sind Sp. g. Erde oder Ströme in einzelnen Leitern (1), (2), . . (n) zu unterscheiden, so schreiben wir . . . . V_{1t}, V_{2t}, . . V_{nt}, J_{1t}, J_{2t} . . J_{nt}
Sind noch weiter gehende Unterscheidungen zu machen, wie z. B. bei Zerlegung der Spannung in harmonische Komponenten, so schreiben wir . . $\overset{(1)}{V}_{1t}$, $\overset{(2)}{V}_{1t}$ . . etc.
Frequenz . . . . $\sim$
Kabellänge l
Scheinbare Kapazität . . . . γ
Scheinbare Kapazität pro Längeneinheit γ_0
Kommen verschiedene »scheinbare Kapazitäten« bei einem Kabel, sei es bei verschiedenen Schaltungen oder verschiedenen Spannungskurven, vor, so werden sie durch Indices . . . . $\gamma^{(1)}$, $\gamma^{(2)}$ . . . . . bezeichnet.

Inhaltsverzeichnis.

Kapitel I.

Kapazität. — Elektrostatische Induktionskoeffizienten. — Scheinbare Kapazität. — Betriebskapazität.

1. Kondensatoren.

Bevor wir auf unser eigentliches Thema, die Untersuchung von Mehrleiterkabeln, übergehen, wollen wir in einem einleitenden Kapitel einige für das Verständnis des weiteren notwendige Betrachtungen über den Begriff der Kapazität anstellen.

Es wird zweckmäßig sein, mit der Betrachtung eines gewöhnlichen Kugelkondensators (Fig. 1) zu beginnen.

Legen wir die äußere Belegung des Kondensators an Erde, die innere an eine Elektrizitätsquelle vom Potential V, so nimmt die zuletzt genannte Belegung eine positive Ladung Q an. Eine gleich große Ladung entgegengesetzten Vorzeichens wird sich gleichzeitig auf

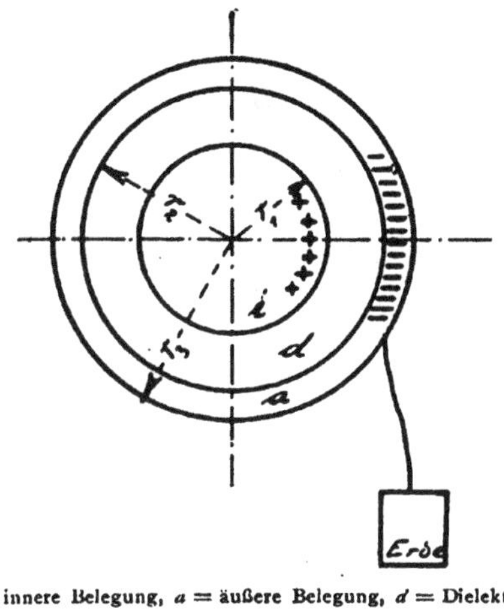

i = innere Belegung, a = äußere Belegung, d = Dielektrikum.

Fig. 1.

der Innenfläche der äußeren Belegung ansammeln. Zwischen dem Potential V und der Ladung Q besteht die Relation

$$Q = c \cdot V \text{ (c. g. s.)} \quad \ldots \ldots \quad (1)$$

c wird Kapazität des Kondensators genannt.

Im vorliegenden Falle ist

$$c = \delta \cdot \frac{r_1 r_2}{r_2 - r_1}; \text{ (c. g. s.)} \quad \ldots \ldots \quad (2)$$

δ ist die Dielektrizitätskonstante des Isoliermaterials.

Die Ladungen des geschlossenen Kondensators (Fig. 1) sind ganz davon unabhängig, ob sich in seiner Nähe andere metallische Körper, d. h. andere Leiter der Elektrizität befinden oder nicht.

Sind in der Nähe **geladene** Leiter nicht vorhanden, so bleibt die Außenfläche des Kondensators ungeladen. Ist die äußere Belegung nicht geerdet und ist ihr Potential V_1, so berechnen sich die Ladungen des Kondensators Fig. 1 aus der Formel

$$Q = c(V - V_1) = \delta \cdot \frac{r_1 r_2}{r_2 - r_1} (V - V_1); \text{ (c. g. s.)} \quad (2^{\text{bis}})$$

Diese Ladungen haben, wie in dem zuerst betrachteten Falle, ihren Sitz auf den beiden eingeschlossenen Flächen des Kondensators. Im Gegensatz zu jenen, erweist sich jetzt aber auch die Außenfläche des Konden-

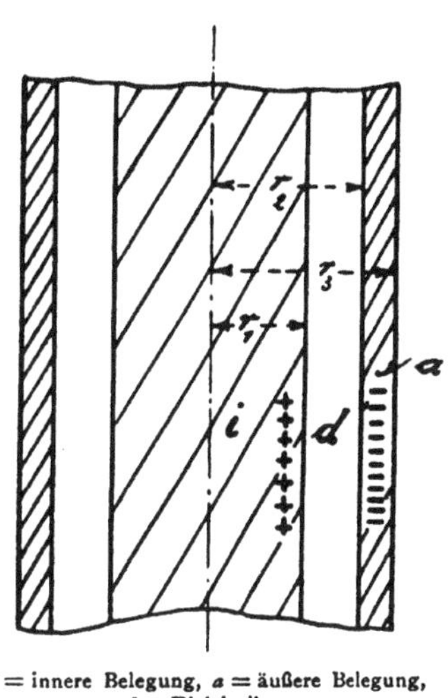

i = innere Belegung, a = äußere Belegung, d = Dielektrikum.

Fig. 2.

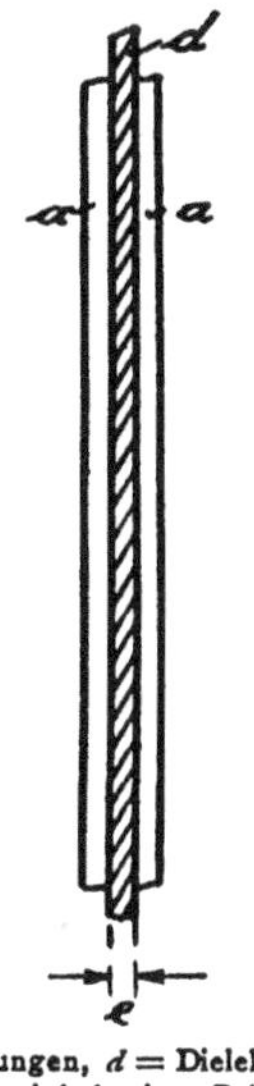

a = Belegungen, d = Dielektrikum, S = Flächeninhalt einer Belegung.

Fig. 3.

sators als geladen. Sind im elektrischen Felde weitere Leiter nicht vorhanden und ist die Entfernung des Kondensators von der Erde im Verhältnis zu seinem Durchmesser groß, so ist die Ladung auf der Außenfläche

$$Q_1 = r_3 \cdot V_1; \text{ (c. g. s.)}$$

r_3 = äußerer Halbmesser der Kugel.

Befinden sich aber in der Nähe des Kondensators andere Leiter, oder ist seine Entfernung von der Erde klein, so hängt die Ladung Q_1 von der Form, der Lage und den Potentialen jener Leiter ab. Diese Abhängigkeit läßt sich im allgemeinen durch einfache Formeln nicht ausdrücken.

Ähnlich verhält es sich, wenn die äußere Belegung des Kondensators (Fig. 1) geerdet ist und in seiner Nähe sich geladene Leiter befinden. Auch dann erweist sich diese Belegung bei der Prüfung als geladen:

man spricht in diesem Falle von der Ladung durch Influenz.

Wir sehen also, daß ein Kugelkondensator in der Regel drei verschiedene Ladungen hat. Zwei davon sind entgegengesetzt gleich und bedecken die eingeschlossenen Flächen. Spricht man schlechthin von einer Ladung eines Kugelkondensators, so meint man jene Ladungen Q. In diesem Sinne ist:

$$c = \delta \cdot \frac{r_1 r_2}{r_2 - r_1}; \text{ (c. g. s.)}$$

Kapazität eines Kugelkondensators.

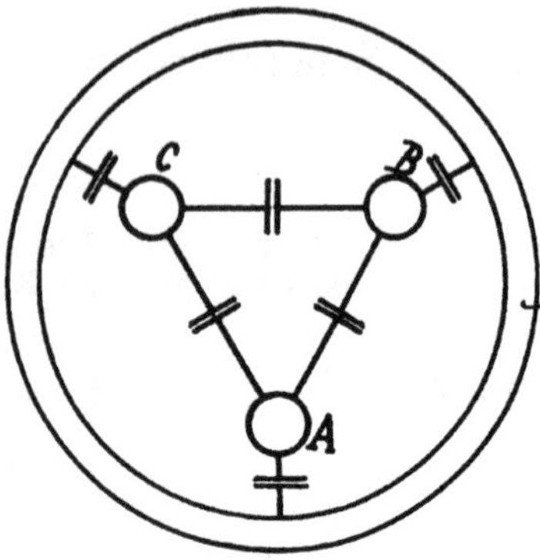

A, B, C = Kabelleiter, *M* = Mantel.

Fig. 4.

Genau ebenso liegen die Verhältnisse bei Zylinder- und Plattenkondensatoren. Bezeichnen wir das Potential der inneren Belegung eines Zylinderkondensators (Fig. 2) mit V, das der äußeren Belegung mit V_1, so sind die Ladungen, welche sich auf einer Längeneinheit der beiden eingeschlossenen Flächen befinden, gleich

$$\pm Q = \pm c(V - V_1) = \pm \frac{\delta}{2 \log \text{nat} \frac{r_2}{r_1}} \cdot (V - V_1) \text{(c.g.s.)} \quad (3)$$

c ist Kapazität des Zylinderkondensators pro Längeneinheit, δ die Dielektrizitätskonstante des Isoliermaterials. Diese Elektrizitätsverteilung ist nur in dem mittleren Teile der Zylinderkörper vorhanden; gegen die Enden hin ist sie anders und läßt sich in einfacher Weise nicht darstellen. Die Außenfläche der äußeren Belegung ist auch hier mit einer Elektrizitätsmenge Q_1 geladen, deren Größe und Verteilung von der Form, der Lage und dem Potential der benachbarten Leiter abhängt. Die Ladung Q wird von jenen Faktoren nicht merklich beeinflußt. Spricht man schlechthin von einer Ladung eines Zylinderkondensators pro Längeneinheit, so meint man die Ladungen Q, die durch die einfache Formel (3) gegeben sind. Ist die Außenbelegung geerdet, so ist $V_1 = 0$

$$Q = c\,V = \frac{\delta}{2 \log \text{nat} \frac{r_2}{r_1}} \cdot V; \text{ (c. g. s.)} \quad . \quad . \quad (3^{\text{bis}})$$

Auch bei einem Plattenkondensator (Fig. 3) liegen die Verhältnisse ebenso. Sind V und V_1 Potentiale der beiden Belegungen, so berechnen sich die Ladungen der einander zugekehrten Flächen aus der Formel

$$\pm Q = \pm c(V - V_1) = \delta \cdot \frac{S}{4 \pi e}(V - V_1); \text{ (c. g. s.)} \quad (4)$$

c ist Kapazität des Plattenkondensators, δ die Dielektrizitätskonstante. Die Außenflächen der beiden Belegungen erweisen sich bei der Prüfung ebenfalls als geladen. Ihre Ladungen, die wir mit Q_1 und Q_2 bezeichnen, hängen von der Form, der Lage und dem Potential der benachbarten Leiter ab. Die Ladungen Q werden von jenen Faktoren nicht merklich beeinflußt. Spricht man also schlechthin von einer Ladung eines Plattenkondensators, so meint man die Ladungen Q. Ist die Außenbelegung geerdet, $Q_1 = o$, so hat man

$$Q = c \cdot V = \delta \cdot \frac{S}{4 \pi e} \cdot V; \text{ (c. g. s.)} \quad . \quad (4^{\text{bis}})$$

S ist der Flächeninhalt einer Belegung.

Die Ladungen Q_1, Q_2 sind im Verhältnis zu den Ladungen Q sehr klein.

Wie wir sehen, besteht in allen bis jetzt betrachteten Fällen zwischen der Potentialdifferenz und der Ladung die einfache lineare Beziehung

$$Q = c(V - V_1); \quad . \quad . \quad . \quad . \quad . \quad (5)$$

Ladung = Kapazität × Potentialdifferenz.

2. Systeme mit mehreren Leitern.

Probleme, bei welchen die Verteilung der elektrischen Ladungen auf mehreren Leitern gesucht wird, die sich auf die bis jetzt betrachteten nicht zurückführen lassen, kommen in der Wechselstrommaschinentechnik und der Meßtechnik meistens nicht vor, so daß für die Behandlung der dem Elektroingenieur sich darbietenden Kapazitätsaufgaben die Formel (5) in der Regel vollständig genügt.

Wichtige Probleme, bei denen dies nun nicht mehr zutrifft, bietet die Kabeltechnik. Schon bei verseilten Zweileiterkabeln ist bei der Berechnung des Ladestromes der Einfluß des Bleimantels zu berücksichtigen. Diese Kabel bilden Systeme von 3 Leitern. n-Leiterkabel mit Bleimantel sind dementsprechend als Systeme von $n + 1$ Leitern aufzufassen. In solchen Fällen führt die Anwendung der Formel (5), die lediglich für Systeme, bestehend aus 2 Leitern gilt, naturgemäß nicht zum Ziele. Es liegt nun nahe, die gegebenen $(n + 1)$ Leiter paarweise zu gruppieren und auf jedes Paar die Formel (5) anzuwenden. Wir wollen dieses Verfahren an einem Spezialfalle näher erläutern.

Betrachten wir ein Dreileiterkabel (Fig. 4). Das elektrische System besteht aus 4 Leitern, 3 Kabelleitern und dem Mantel. Wir bezeichnen die Potentiale der Leiter mit V_a, V_b, V_c, V_m, ihre Ladungen mit Q_a, Q_b, Q_c; die Länge des Kabels sei gleich $l^{(cm)}$. Ist der Mantel geerdet, so ist $V_m = 0$. In der üblichen Darstellung werden nun je 2 dieser Leiter als Belegungen eines Kondensators aufgefaßt. Man spricht in diesem Sinne von der Kapazität je eines Kabelleiters gegen Mantel und von den Kapazitäten von je 2 Kabelleitern gegeneinander. Das Kabel wird für die Rechnung durch ein System von 6 Kondensatoren ersetzt, wie auf der Figur 4 angegeben ist. Bezeichnen wir ihre Kapazitäten entsprechend mit

$$C_{am}, \; C_{bm}, \; C_{cm}, \; C_{ab}, \; C_{ac}, \; C_{bc}$$

so berechnen sich bei der angenommenen Potentialverteilung die Ladungen der Leiter aus den Formeln

$$\left.\begin{aligned} Q_a &= C_{am}(V_a - V_m) + C_{ab}(V_a - V_b) + C_{ac}(V_a - V_c); \\ Q_b &= C_{bm}(V_b - V_m) + C_{ab}(V_b - V_a) + C_{bc}(V_b - V_c); \\ Q_c &= C_{cm}(V_c - V_m) + C_{ac}(V_c - V_a) + C_{bc}(V_c - V_b); \end{aligned}\right\} (6)$$

Wir werden bald sehen, daß diese Formeln streng richtig sind. Die Auffassung, die ihnen zugrunde liegt, ist nichts desto weniger falsch.

Setzen wir für die Leiter A, B, C, fiktive Kondensatoren ein, so sagen wir damit stillschweigend aus, daß die Kapazitäten C_{am}, C_{bm} etc. lediglich von der Form und der Lage der zugehörigen Leiterpaare, nicht aber von der Lage aller übrigen Leiter, abhängen. Kapazität C_{am} wäre z. B. aus der Formel[1])

$$C_{am} = \delta \cdot \frac{1}{2 \log \text{nat} \dfrac{R(R^2 - d^2 - r^2 + 2\,dp)}{r(R^2 + d^2 - r^2 + 2\,dp)}} \text{ (c. g. s.)}$$

worin $(2\,dp)^2 = (R^2 + r^2 - d^2)^2 - 4\,R^2\,r^2$ ist, die die Kapazität pro Längeneinheit zweier exzentrischer paralleler Zylinder (Fig. 5) gibt, zu berechnen.

Die Kapazität C_{ab} hätte man aus der Formel

$$C_{ab} = \frac{1}{4 \log \text{nat} \dfrac{d}{r}} \text{ (c. g. s.)},$$

die die Kapazität zweier paralleler zylindrischer Leiter (Fig. 6) gibt, zu bestimmen. Allgemein hätte man bei Berechnung irgendeiner Kapazität C_{pq} alle Leiter außer P und Q als nicht vorhanden zu betrachten. Tatsächlich sind aber die Konstanten C_{am}, C_{bm} von der Form und der Lage sämtlicher Leiter abhängig.[2]) Die Einführung der fiktiven Kondensatoren (Fig. 4) ist physikalisch unzulässig.

Wir nehmen nun weiter an, daß die Spannungen der Leiter gegen Erde Sinusfunktionen der Zeit sind und untersuchen, wie aus den Formeln (6) die Ladeströme zu berechnen sind.

Der Ladestrom ist bekanntlich Differentialquotient der Ladung nach der Zeit

$$J_{at} = \frac{dQ_a}{dt} = C_{am} \cdot \frac{d}{dt}(V_{at} - V_{mt}) + C_{ab}\,\frac{d}{dt}(V_{at} - V_{bt}) + C_{ac}\frac{d}{dt}(V_{at} - V_{ct}) \quad . \quad . \quad . \quad . \quad . \quad (7)$$

oder indem wir den Ladestrom des Kondensators (P, Q) allgemein mit

$J_{pqt} = C_{pq} \cdot \frac{d}{dt}(V_p - V_q)$ bezeichnen.

$$J_{at} = J_{amt} + J_{abt} + J_{act} \quad . \quad . \quad . \quad (7^{\text{bis}})$$

Gehen wir von den momentanen zu den effektiven Werten über, so haben wir statt algebraisch geometrisch zu addieren.

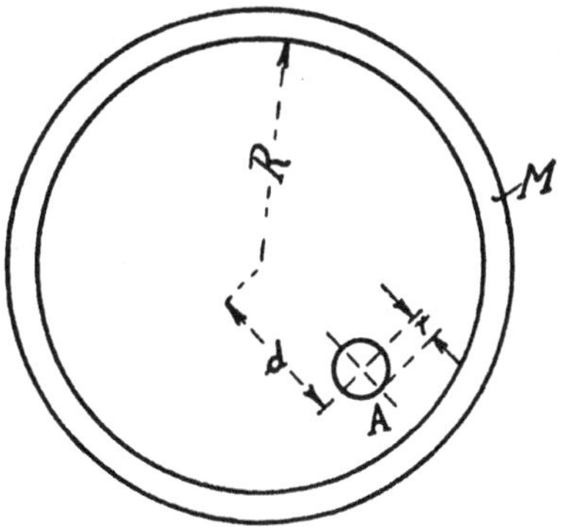

Fig. 5.

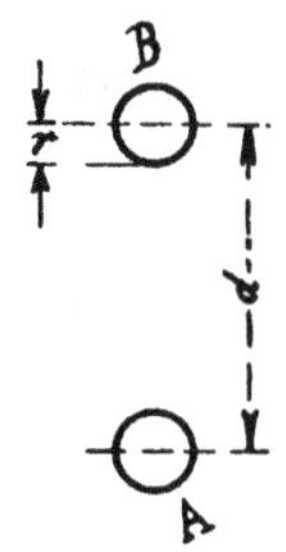

Fig. 6.

Nehmen wir an, daß der Mantel geerdet ist, $V_m = 0$, so ergibt die Konstruktion Fig. 7 den Ladestrom J_a. Da dieser, wie ersichtlich, aus 3 Komponenten besteht, so ist die Bestimmung nach dieser Methode umständlich. Wir werden bald sehen, daß in den meisten in der Praxis vorkommenden Fällen der effektive Ladestrom in einem Leiter und der effektive Wert der Spannung durch eine einfache, der für einen Kondensator gültigen Formel nachgebildete Relation

$$J = 2\pi \sim c\,E; \text{ (c. g. s.)} \quad . \quad . \quad . \quad (8)$$

verbunden sind.

Die Konstante c, welche in der Theorie der Kabel dieselbe Rolle, wie die Kapazität in der Theorie der Kondensatoren spielt, könnte füglich als »scheinbare«, »wirksame« oder »Betriebskapazität« genannt werden.

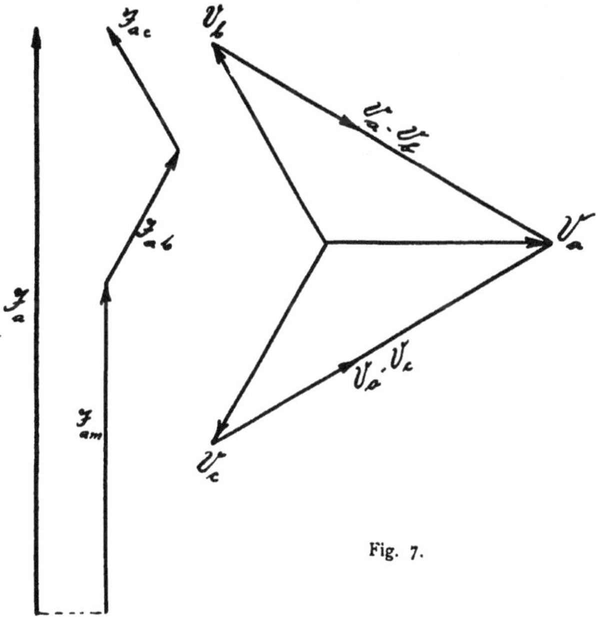

Fig. 7.

Wir bedienen uns in dieser Arbeit im allgemeinen des Namens »scheinbare Kapazität« und sprechen von »Betriebskapazität« nur, wenn es sich um die im normalen Betriebe übliche Schaltung handelt.

Nach diesen einleitenden Bemerkungen gehen wir zur Betrachtung eines allgemeinen aus mehreren Leitern gebildeten Leitersystems über.

3. Allgemeine Leitersysteme.

Gegeben sei ein beliebiges System von Leitern, die zum Teil isoliert, zum Teil mit Erde verbunden sind, von denen keiner die übrigen umschließt. Wir bezeichnen die Ladungen der Leiter mit $Q_1, Q_2 \ldots Q_n$, ihre Potentiale mit $V_1, V_2 \ldots V_n$.

Alle Größen seien im absoluten elektrostatischen Maßsystem ausgedrückt. Wie auch nun der zwischen den Leitern befindliche Raum beschaffen sein mag, ob er mit Luft oder beliebigen homogenen oder nicht homogenen Dielektricis ausgefüllt ist, immer besteht die Beziehung:

$$\left.\begin{aligned} V_1 &= \alpha_{11}\,Q_1 + \alpha_{12}\,Q_2 + \ldots + \alpha_{1n}\,Q_n \\ V_2 &= \alpha_{21}\,Q_1 + \alpha_{22}\,Q_2 + \ldots + \alpha_{2n}\,Q_n \\ &\ldots\ldots\ldots\ldots\ldots\ldots \\ V_n &= \alpha_{n1}\,Q_1 + \alpha_{n2}\,Q_2 + \ldots + \alpha_{nn}\,Q_n \end{aligned}\right\} \alpha_{pq} = \alpha_{qp} \quad . \quad (9)$$

Die Konstanten α, deren Zahl

$$\frac{n(n+1)}{2}$$

beträgt, sind von V und Q unabhängig. Sie sind komplizierte Funktionen der Form, der gegenseitigen Lage aller Leiter und der Verteilung des zwischenliegenden

[1]) s. Mascart: »Leçons sur l'électricité et le magnétisme« I. S. 190.
[2]) s. Mascart: »Leçons sur l'électricité et le magnétisme« I. S. 68 u. ff.

Dielektrikums. Oder auch einfacher: Funktionen der Form und der Verteilung des Dielektrikums.

Die Potentiale der Leiter sind lineare Funktionen ihrer Ladungen. Es würde zu weit führen, wollten wir den Satz (9) auf dieser Stelle beweisen. Der Beweis ist in jedem Lehrbuch der wissenschaftlichen Elektrizitätslehre zu finden, siehe z. B. Mascart: »Leçons sur l'électricité et le magnetisme«, tome I, p. 68.

Die Konstanten α lassen sich nur in seltensten Fällen genau berechnen; ist aber das elektrische System gegeben, so kann man sie leicht experimentell bestimmen. Sind α einmal bekannt, so geben die Gleichungen (9) für alle Werte der Ladungen die zugehörigen Werte der Potentiale an. Die Größen α charakterisieren das System vollkommen.

Ist ein Leiter, z. B. Leiter (n) geerdet, so ist

$$V_n = \alpha_{n1}\, Q_1 + \alpha_{n2}\, Q_2 + \ldots + \alpha_{nn}\, Q_n = 0$$

$$Q_n = -\frac{\alpha_{n1}}{\alpha_{nn}} Q_1 - \frac{\alpha_{n2}}{\alpha_{nn}} Q_2 \ldots \frac{\alpha_{n,\,n-1}}{\alpha_{nn}} Q_{n-1}$$

Es genügt also die Ladungen der isolierten Leiter zu kennen, um die Potentiale sämtlicher Leiter zu bestimmen.

Welche ist nun die physikalische Bedeutung der Faktoren α? Diese ergibt sich leicht aus folgender Überlegung. Denken wir uns für einen Augenblick alle Leiter isoliert und erteilen dem Leiter (p) die Ladung 1. Aus der Gl. (9) folgt, daß jetzt

$$Q_1 = Q_2 = \ldots = Q_{p-1} = Q_{p+1} = \ldots = Q_n = 0;\; Q_p = 1$$

$$V_1 = \alpha_{1p};\; V_2 = \alpha_{2p};\; \ldots\; V_p = \alpha_{pp};\; \ldots\; V_n = \alpha_{np}$$

α_{pp} ist mithin das Potential, welches der Leiter (p) annimmt, wenn er mit einer Elektrizitätseinheit geladen wird, alle übrigen Leiter aber isoliert und nicht geladen bleiben, α_{pq} ist dabei das Potential des Leiters q. Aus der physikalischen Bedeutung der Faktoren α_{pq} als Potentiale folgt, wie sie in jedem besonderen Falle experimentell bestimmt werden können. Man hat einen Leiter (p) mit einer beliebigen Elektrizitätsmenge zu laden, die übrigen aber isolieren und ungeladen lassen und das Potential (Spannung gegen Erde) aller Leiter mit einem elektrostatischen Voltmeter zu messen. Verbindet man jetzt den einzigen geladenen Leiter (p) durch ein ballistisches Galvanometer mit Erde, so bekommt man aus dem Ausschlag der Galvanometernadel nach der bekannten Methode die jenem Leiter mitgeteilte Elektrizitätsmenge. Ist diese Q_0 und das Potential des Leiters (q) A_{qp}, so hat man

$$\alpha_{qp} = \frac{A_{qp}}{Q_0}.$$ [1]

Lösen wir das lineare System (9) nach den Größen Q_1, $Q_2 \ldots Q_n$ auf, so erhalten wir ein neues System von Gleichungen

$$\left.\begin{aligned} Q_1 &= \gamma_{11}\cdot V_1 + \gamma_{12} V_2 + \ldots + \gamma_{1n} V_n \\ Q_2 &= \gamma_{21}\cdot V_1 + \gamma_{22} V_2 + \ldots + \gamma_{2n} V_n \\ Q_n &= \gamma_{n1}\cdot V_1 + \gamma_{n2} V_2 + \ldots + \gamma_{nn} V_n \end{aligned}\right\}\; \gamma_{pq} = \gamma_{qp}. \quad (10)$$

Die Konstanten γ_{pq}, deren Zahl $\frac{n(n+1)}{2}$ beträgt, sind wie die Größen α von V und Q unabhängig. Sie sind wie jene verwickelte Funktionen der Form und der gegenseitigen Lage aller Leiter und der Verteilung des zwischenliegenden Dielektrikums.

[1] In der Praxis wird man die Konstanten α mit Wechselstrom bestimmen.

Die Bedeutung der Faktoren γ ist aus folgendem leicht zu ersehen. Setzen wir

$$V_1 = 1,\; V_2 = V_3 = \ldots = V_n = 0,$$

so erhalten wir

$$Q_1 = \gamma_{11},\; Q_2 = \gamma_{21};\; \ldots\; Q_n = \gamma_{n1}.$$

Verbinden wir also sämtliche Leiter mit Ausnahme von (1) mit Erde und bringen wir diesen auf Potential 1, so sind die Ladungen, welche unsere Leiter erhalten, entsprechend gleich $\gamma_{11}, \gamma_{21} \ldots \gamma_{n1}$. Allgemein ist γ_{pp} die Ladung, welche man dem Leiter (p) geben muß, um ihn auf Potential 1 zu bringen, während alle anderen Leiter an Erde gelegt sind. Gleichzeitig erhält der Leiter (q) die Ladung γ_{qp}.

Die Koeffizienten γ sind leicht zu messen. Diese Messung könnte man (wenigstens im Prinzip) wie folgt ausführen. Man verbinde sämtliche Leiter durch ballistische Galvanometer mit Erde und lasse diese Verbindung beim Leiter (1) noch offen. Die Galvanometer müssen von den Leitern so weit entfernt und die Verbindungsleiter so dünn sein, daß durch sie die Verteilung der Elektrizität nicht merklich beeinflußt wird. Wir laden den Leiter (1) auf ein Potential V, das durch ein statisches Elektrometer gemessen wird. Nunmehr wird die Verbindung des Leiters (1) mit der Erde hergestellt. Sämtliche Ladungen fließen durch ballistische Galvanometer zur Erde; die Ausschläge der Instrumente geben die Größe der durchgeflossenen Elektrizitätsmengen an. Dividieren wir diese durch V, so erhalten wir die Zahlen $\gamma_{11}, \gamma_{12} \ldots \gamma_{1n}$.

Liegt ein Leiter (n) an Erde, so ist $V_n = 0$ und die entsprechenden Glieder in den Gl. (2) verschwinden.

Sind alle γ auf diese Weise bestimmt, so ergeben sich nach Auflösung der linearen Gleichungen (10) auch die Werte von α. Die Formeln (10) geben die Werte der Ladungen aller Leiter, wenn ihre Potentiale bekannt sind. Sie spielen bei Systemen von n-Leitern dieselbe Rolle, wie die einfache Gleichung

$$Q = c\,V$$

in der Theorie des Kondensators.

Maxwell nennt den Faktor γ_{pp} Kapazität des Leiters (p); für den Faktor γ_{pq} ist der Name (elektrostatischer) Induktionskoeffizient der Leiter (p) und q vorgeschlagen worden.

Die Formeln (9) und (10) gelten für Systeme von Leitern, von denen keiner die übrigen umschließt, insbesondere also für Systeme bestehend aus langen parallelen Zylindern (Luftleitern). Tritt jedoch der Fall ein, daß, wie bei Kabeln, ein Leiter alle übrigen umschließt, so bedürfen die Gl. (9) und (10) einer Modifikation.

Ist das Potential der leitenden Hülle gleich V_0, so ist jetzt, wenn wir die Zahl der eingeschlossenen Leiter gleich n annehmen

$$\left.\begin{aligned} V_1 - V_0 &= \alpha_{11}\, Q_1 + \alpha_{12}\, Q_2 + \ldots + \alpha_{1n}\, Q_n \\ V_2 - V_0 &= \alpha_{21}\, Q_1 + \alpha_{22}\, Q_2 \quad \ldots + \alpha_{2n}\, Q_n \\ &\cdots\cdots\cdots\cdots \\ V_n - V_0 &= \alpha_{n1}\, Q_1 + \alpha_{n2}\, Q_2 + \ldots + \alpha_{nn}\, Q_n \end{aligned}\right\} \quad (9^{\text{bis}})$$

und ebenso

$$\left.\begin{aligned} Q_1 &= \gamma_{11}(V_1 - V_0) + \gamma_{12}(V_2 - V_0) + \ldots \\ &\quad + \gamma_{1n}(V_n - V_0) \\ Q_2 &= \gamma_{21}(V_1 - V_0) + \gamma_{22}(V_2 - V_0) + \ldots \\ &\quad + \gamma_{2n}(V_n - V_0) \\ Q_n &= \gamma_{n1}(V_1 - V_0) + \gamma_{n2}(V_2 - V_0) + \ldots \\ &\quad + \gamma_{nn}(V_n - V_0) \end{aligned}\right\} \quad (10^{\text{bis}})$$

Die Bedeutung der Faktoren γ_{pq} weicht von der oben gegebenen ab und ergibt sich aus folgender Betrachtung. Stellen wir uns z. B. vor, daß alle Leiter mit

Ausnahme von (1) mit dem Mantel leitend verbunden sind, und geben wir dem Leiter (1) das Potential um 1 höher als das Potential des Mantels, so wird

$$Q_1 = \gamma_{11};\ Q_2 = \gamma_{21};\ \ldots.\ Q_n = \gamma_{n1}$$

Offenbar ist wieder

$$\alpha_{pq} = \alpha_{qp};\ \gamma_{pq} = \gamma_{qp}.$$

Auf der Innenfläche des Leiters (o), welcher die leitende Hülle bildet, ist stets eine Ladung vorhanden, die der Summe aller eingeschlossenen Ladungen entgegengesetzt gleich ist.

$$Q_0 = -(Q_1 + Q_2 + \ldots.\ Q_n).$$

Die Ladung der Außenfläche des Leiters (o) berechnet sich aus der Formel 10, in welcher für $V_1 \ldots.\ V_0$, für V_2, V_3 etc. Potentiale der im Außenraume etwa vorhandenen Leiter einzusetzen sind. Offenbar wird diese Ladung durch die Ladungen der eingeschlossenen Leiter nicht beeinflußt. Sie spielt bei unseren Betrachtungen keine Rolle.

Setzen wir in den Formeln (10bis) $n = 3$, so erhalten wir

$$Q_1 = \gamma_{11}(V_1 - V_0) + \gamma_{12}(V_2 - V_0) + \gamma_{13}(V_3 - V_0)$$
$$= (\gamma_{11} + \gamma_{12} + \gamma_{13}) \cdot (V_1 - V_0) - \gamma_{12}(V_1 - V_2) - \gamma_{13}(V_1 - V_3);$$
$$Q_2 = \gamma_{21}(V_1 - V_0) + \gamma_{22}(V_2 - V_0) + \gamma_{23}(V_3 - V_0) = -\gamma_{21} \cdot$$
$$(V_2 - V_1) + (\gamma_{21} + \gamma_{22} + \gamma_{23})(V_2 - V_0) - \gamma_{23}(V_2 - V_3);$$
$$Q_3 = \gamma_{31}(V_1 - V_0) + \gamma_{32}(V_2 - V_0) + \gamma_{33}(V_3 - V_0) = -\gamma_{31} \cdot$$
$$(V_3 - V_1) - \gamma_{32}(V_3 - V_2) + (\gamma_{31} + \gamma_{32} + \gamma_{33})(V_3 - V_0).$$

Setzen wir jetzt

$$\gamma_{11} + \gamma_{12} + \gamma_{13} = C_{10}$$
$$\gamma_{21} + \gamma_{22} + \gamma_{23} = C_{20}$$
$$\gamma_{31} + \gamma_{32} + \gamma_{33} = C_{30};$$
$$-\gamma_{12} = -\gamma_{21} = C_{12}$$
$$-\gamma_{13} = -\gamma_{31} = C_{13}$$
$$-\gamma_{23} = -\gamma_{32} = C_{23}$$

so folgt:

$$Q_1 = C_{10}(V_1 - V_0) + C_{12}(V_1 - V_2) + C_{13}(V_1 - V_3)$$
$$Q_2 = C_{20}(V_2 - V_0) + C_{12}(V_2 - V_1) + C_{23}(V_2 - V_3)$$
$$Q_3 = C_{30}(V_3 - V_0) + C_{13}(V_3 - V_1) + C_{23}(V_3 - V_2).$$

Diese Gleichungen unterscheiden sich von den Gleichungen (6) nur durch die Indices. Wie wir also bereits hervorgehoben haben, sind jene Gleichungen streng richtig; die Einführung der fiktiven Kondensatoren ist dagegen physikalisch unzulässig.

4. Verseilte n-Leiter-Kabel. Scheinbare Kapazität.

Wir gehen jetzt zur Betrachtung der verseilten Kabel über und nehmen die Zahl der Leiter allgemein gleich n an. Wir setzen weiter voraus, daß die Kabelaxen, wie aus Fig. 8 ersichtlich, die Kanten eines regulären Prismenkörpers bilden. Solche Kabel können z. B. zur Fortleitung der Ströme eines n-phasigen verketteten Systems dienen. Ist ein Wechselstrom- oder Drehstromkabel mit Prüfdrähten ausgerüstet, so ist gleichfalls $n > 3$, doch ist die Anordnung der Leiter anders. Die Länge des Kabels nehmen wir stets gleich l cm an.

Nach (9bis) ist für den Leiter (1):

$$V_1 - V_0 = \alpha_{11} Q_1 + \alpha_{12} Q_2 + \ldots. + \alpha_{1n} Q_n$$

Nehmen wir ferner an, daß das Dielektrikum in bezug auf alle Leiter symmetrisch verteilt ist. Es ist leicht einzusehen, daß dann:

$$\alpha_{11} = \alpha_{22} = \alpha_{33} = \ldots = \alpha_{nn}$$
$$\alpha_{12} = \alpha_{23} = \alpha_{34} = \ldots = \alpha_{n-1,n} = \alpha_{21} = \alpha_{32} = \ldots = \alpha_{n,n-1}$$
$$\alpha_{13} = \alpha_{24} = \alpha_{35} = \ldots = \alpha_{n-2,n}$$
$$\alpha_{14} = \alpha_{25} = \ \ldots\ldots = \alpha_{n-3,n}$$

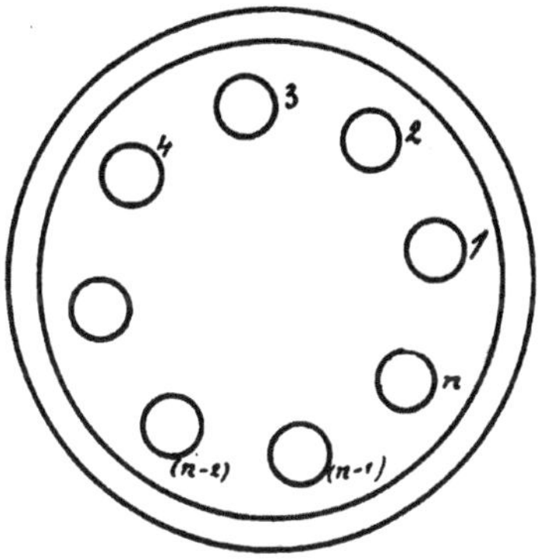

Fig. 8.

Die Zahl der von einander unabhängigen Konstanten beträgt jetzt:

$$m = \frac{n}{2} + 1 = \frac{n+2}{2};$$

wenn n eine gerade Zahl ist

$$m = \frac{n-1}{2} + 1 = \frac{n+1}{2};$$

wenn n eine ungerade Zahl ist.

Für $n = 3, 4, 5, 6, 7, 8 \ldots.$

ist $m = 2, 3, 3, 4, 4, 5 \ldots.$

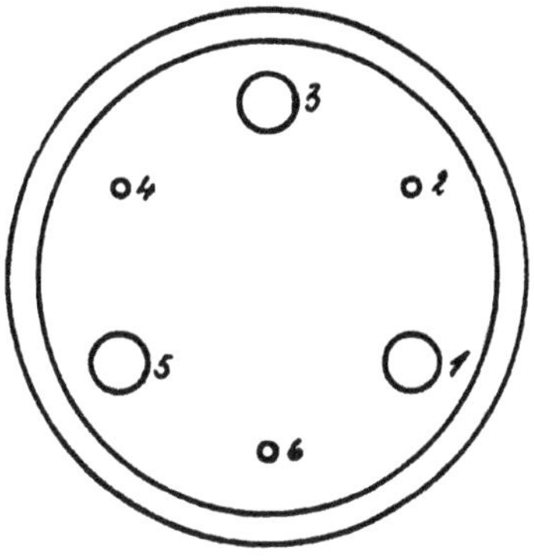

Fig. 9.

Ganz analog ist z. B.:

$$Q_1 = \gamma_{11}(V_1 - V_0) + \gamma_{12}(V_2 - V_0) + \gamma_{13}(V_3 - V_0) + \ldots.$$
$$+ \gamma_{1n}(V_n - V_0);$$
$$\gamma_{11} = \gamma_{22} = \ldots. = \gamma_{nn}$$
$$\gamma_{12} = \gamma_{23} = \ldots. = \gamma_{n-1,n}$$
$$\gamma_{13} = \gamma_{24} = \ldots. = \gamma_{n-2,n}$$
$$\gamma_{14} = \quad \ldots. = \gamma_{n-3,n} \text{ etc.}$$

Die Zahl der von einander unabhängigen Konstanten γ beträgt gleichfalls

$$m = \frac{n+2}{2} \text{ für } n = 2p$$

$$m = \frac{n+1}{2} \text{ für } n = 2p + 1.$$

Bilden die Leiterachsen nicht mehr die Kanten eines regulären Prismenkörpers oder sind die Durchmesser der Leiter nicht alle gleich, so ist eine so weit gehende Reduktion der Zahl der unabhängigen Konstanten in den Formeln (9) und (10) nicht möglich. Immerhin kann je nach der Form des Systems eine Reduktion vorgenommen werden. Betrachten wir z. B. ein mit Prüfdrähten ausgerüstetes Drehstromkabel (Fig. 9). Wir finden leicht, daß jetzt

$$\begin{aligned}
&\gamma_{11} = \gamma_{33} = \gamma_{55} \\
&\gamma_{22} = \gamma_{44} = \gamma_{66} \\
&\gamma_{12} = \gamma_{23} = \gamma_{34} = \gamma_{45} = \gamma_{56} = \gamma_{61} = \\
= &\gamma_{21} = \gamma_{32} = \gamma_{43} = \gamma_{54} = \gamma_{65} = \gamma_{16}; \\
&\gamma_{13} = \gamma_{35} = \gamma_{51} = \gamma_{53} = \gamma_{15} = \gamma_{31} \\
&\gamma_{24} = \gamma_{46} = \gamma_{62} = \gamma_{42} = \gamma_{64} = \gamma_{26} \\
&\gamma_{25} = \gamma_{14} = \gamma_{63} = \gamma_{52} = \gamma_{41} = \gamma_{36}.
\end{aligned}$$

Es bleiben also sechs Konstanten übrig. Bei dem Kabel (Fig. 8) war für

$$n = 6, \quad m = 4.$$

Wir nehmen jetzt an, daß das Kabel (Fig. 8) zur Fortleitung der Ströme eines n-phasigen verketteten Systems dient. Der Nullleiter des Systems sei geerdet oder nicht vorhanden, der Mantel soll gleichfalls an Erde liegen. Ist die Spannungskurve sinusförmig, so läßt sich der zeitliche Verlauf der Spannung aller Leiter gegen Erde durch das Vektordiagramm Fig. 10 darstellen[1]). Es ist

$$\left.\begin{aligned}
V_{1t} &= E_m \sin(\omega t) = E_m \sin(2\pi \sim t); \quad \text{(c. g. s.)} \\
V_{2t} &= E_m \sin\left(\omega t + \frac{2\pi}{n}\right); \\
V_{3t} &= E_m \sin\left(\omega t + 2 \cdot \frac{2\pi}{n}\right); \\
&\cdots\cdots\cdots \\
V_{(n-1)t} &= E_m \sin\left\{\omega t + \left(\frac{n-2}{n}\right) 2\pi\right\}; \\
V_{nt} &= E_m \sin\left\{\omega t + (n-1)\frac{2\pi}{n}\right\};
\end{aligned}\right\} \quad (11)$$

Den Momentanwerten der Spannungen, die durch diese Formeln gegeben sind, entsprechen Ladungen, die sich aus den Gleichungen

$$Q_{1t} = \gamma_{11} \cdot V_{1t} + \gamma_{12} V_{2t} + \ldots + \gamma_{1n} V_{nt}; \quad \text{(c. g. s.)}$$

$$\cdots\cdots\cdots\cdots\cdots$$

berechnen.

Der Ladestrom in einem Leiter ist nun bekanntlich gleich der Änderungsgeschwindigkeit der Ladung

$$J_{1t} = \frac{dQ_{1t}}{dt} = \gamma_{11} \cdot \frac{dV_{1t}}{dt} + \gamma_{12} \cdot \frac{dV_{2t}}{dt} + \ldots + \gamma_{1n} \cdot \frac{dV_{nt}}{dt} \quad (12)$$

oder

$$J_{1t} = \gamma_{11} \cdot \omega \cdot E_m \cos(\omega t) + \gamma_{12} \cdot \omega E_m \cos\left(\omega t + \frac{2\pi}{n}\right) + \ldots$$
$$+ \gamma_{1n} \cdot \omega E_m \cos\left\{\omega t + (n-1) \cdot \frac{2\pi}{n}\right\}.$$

Die Vektoren:

$$\gamma_{11}\, \omega E_m \cos(\omega t); \; \gamma_{12}\, \omega E_m \cos\left(\omega t + \frac{2\pi}{n}\right),$$
$$\ldots; \; \gamma_{1n} \cdot \omega E_m \cos\left\{\omega t + (n-1) \cdot \frac{2\pi}{n}\right\}$$

haben eine einfache physikalische Bedeutung. Denken wir uns eine Reihe Kondensatoren von den Kapazitäten

$$\gamma_{11}, \gamma_{12}, \ldots \gamma_{1n}$$

und legen an diese entsprechend die Spannungen

$$E_m \cdot \sin(\omega t); \; E_m \sin\left(\omega t + \frac{2\pi}{n}\right); \; \ldots$$
$$E_m \cdot \sin\left\{\omega t + (n-1)\frac{2\pi}{n}\right\};$$

d. h. die Phasenspannungen unseres n-phasigen Systems an, so werden die Ladeströme

$$J_{11t} = \gamma_{11} \cdot \omega \cdot E_m \cos(\omega t);$$
$$J_{12t} = \gamma_{12} \; \omega \; E_m \cos\left(\omega t + \frac{2\pi}{n}\right),$$
$$\cdots\cdots\cdots$$
$$J_{1nt} = \gamma_{1n} \cdot \omega E_m \cdot \cos\left\{\omega t + (n-1) \cdot \frac{2\pi}{n}\right\}$$

betragen. Der Ladestrom J_{1t} des Kabelleiters (1) ist die Summe aller dieser Teilströme. Im Vektordiagramm eilt jeder Strom J_{1p} der entsprechenden Spannung um 90° vor. Daraus ergibt sich das Vektordiagramm (Fig. 11). Da die Konstanten γ paarweise einander gleich sind, so fällt der resultierende Strom J_1 mit

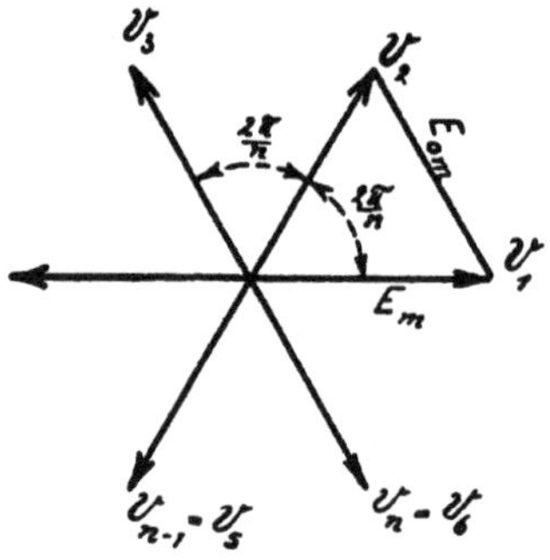

Fig. 10.

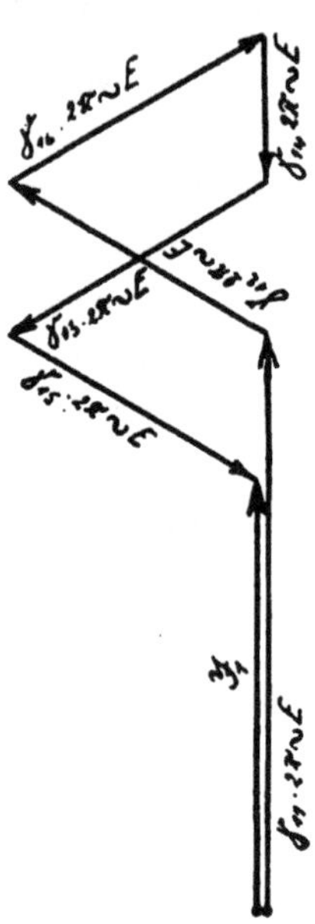

Fig. 11.

$\gamma_{11}\, 2\pi \sim E_m$ in eine Gerade. Der Ladestrom des Leiters (1) eilt der Spannung V_1 um 90° vor.

Berücksichtigt man die Größen der einzelnen Winkel in Fig. 11, so findet man leicht für J_1 den Wert:

$$J_{1t} = \omega E_m \left\{\gamma_{11} + \gamma_{12} \cos\left(\frac{2\pi}{n}\right) + \gamma_{13} \cos\left(2 \cdot \frac{2\pi}{n}\right) + \right.$$
$$\left. \gamma_{14} \cos\left(3 \cdot \frac{2\pi}{n}\right) + \gamma_{15} \cos\left(4 \cdot \frac{2\pi}{n}\right) + \ldots \right\} \cos \omega t. \quad (13)$$

Setzt man:

$$\gamma = \gamma_{11} + \gamma_{12} \cos\left(\frac{2\pi}{n}\right) + \gamma_{13} \cos\left(2 \cdot \frac{2\pi}{n}\right) + \gamma_{14} \cos\left(3 \cdot \frac{2\pi}{n}\right)$$
$$+ \ldots + \gamma_{1n} \cos\left((n-1)\frac{2\pi}{n}\right); \quad (14)$$

so folgt

$$\left.\begin{aligned}
J_{1t} &= \gamma \cdot 2\pi \sim E_m \cos \omega t; \\
J_{2t} &= \gamma \cdot 2\pi \sim E_m \cos\left(\omega t + \frac{2\pi}{n}\right); \\
J_{3t} &= \gamma \cdot 2\pi \sim E_m \cos\left(\omega t + 2 \cdot \frac{2\pi}{n}\right) \text{ etc.}
\end{aligned}\right\} \quad (15)$$

[1]) Bei Wechselstrom sprechen wir nicht von dem Potential der Leiter, sondern von ihrer Spannung gegen Erde, da von einem Potential nur bei stationären Zuständen die Rede sein kann.

Der effektive Wert aller Ströme ist:

$$J = \gamma \cdot 2\pi \sim E = \gamma \cdot 2\pi \sim E_m \frac{\sqrt{2}}{2}; \qquad (16)$$

Diese Formel ist aber nichts anderes als die Formel für den Ladestrom eines Kondensators von der Kapazität γ.

Die Zahl γ kann deshalb als »scheinbare Kapazität« des Kabels betrachtet werden. $\gamma_0 = \frac{\gamma}{l}$ ist scheinbare Kapazität des Kabels pro Längeneinheit. Sie ist nur scheinbare Kapazität, weil sie in die Formel (16) eingesetzt nur dann zur Berechnung des Ladestromes benutzt werden kann, wenn folgende Bedingungen gleichzeitig erfüllt sind:

1. Die Achsen der Kabelleiter bilden die Kanten eines regulären Prismenkörpers.
2. Die Durchmesser aller Leiter sind gleich.
3. Die Verteilung des Dielektrikums ist in bezug auf alle Leiter vollkommen symmetrisch.
4. Das Kabel dient zur Fortleitung der Ströme eines n-phasigen verketteten Systems. Die Spannungskurven sind sinusförmig und um $\frac{2\pi}{n}$, $2 \cdot \frac{2\pi}{n}$, $3 \cdot \frac{2\pi}{n}$, ... gegeneinander verschoben.

Ist auch nur eine von diesen Bedingungen nicht erfüllt, so muß man zur Berechnung der Ladeströme, die jetzt nicht mehr alle gleich sein werden, auf die allgemeinen Formeln (10) zurückgreifen.

Die Zahl γ ist insbesondere auch deshalb scheinbare Kapazität, weil sie nur zur Berechnung des Ladestromes bei Wechselspannungen dient. Sind die Leiter des Kabels an irgendwie gewählte konstante Spannungen (Gleichspannungen) angeschlossen, so sind die Ladungen durch die allgemeinen Gleichungen (10) gegeben. Für diese Bestimmung ist die Kenntnis aller $2n + 1$ Konstanten γ_{pq} unentbehrlich.

Die Formeln (14) und (16) gelten ebenfalls nicht mehr, wenn man die Kabelleiter und den Mantel zur Fortleitung der Ströme eines $(n - 1)$-phasigen Systems benutzt, oder, wenn man zwei Leiter parallel schaltet und das Kabel für ein $(n + 1)$-phasiges System gebraucht. Sie gelten auch nicht, wenn bei einem n-Leiter-Kabel, welches zur Fortleitung der Ströme dieses n-phasigen Systems benutzt wird, ein Leiter vollkommenen Erdschluß hat. (Nullleiter des Systems nicht vorhanden.)

Ist beispielsweise der Leiter (1) geerdet, so ist seine Spannung gegen Erde dauernd gleich Null. Die Spannungen aller übrigen Leiter gegen Erde sind durch die Vektoren V_1, V_2, V_3 ... (Fig. 12) dargestellt.

Analytisch läßt sich der zeitliche Verlauf der Spannungen der Leiter gegen Erde durch folgende Formeln darstellen, die aus der Fig. 12 leicht abgeleitet werden können:

$$V_{1t} = 0$$

$$V_{2t} = 2 E_m \sin \frac{\pi}{n} \cdot \sin\left(\omega t + \frac{n+2}{2n}\pi\right);$$

$$V_{3t} = 2 E_m \sin \frac{2\pi}{n} \cdot \sin\left(\omega t + \frac{n+4}{2n}\pi\right);$$

$$V_{4t} = 2 E_m \sin \cdot \frac{3\pi}{n} \sin\left(\omega t + \frac{n+6}{2n}\pi\right);$$

. . . .

$$V_{nt} = 2 E_m \sin \frac{(n-1)\pi}{n} \cdot \sin\left(\omega t + \frac{3n-2}{2n}\pi\right);$$

Der Ladestrom des Leiters (1) ergibt sich aus der Formel (12) zu

$$J_{1t} = \gamma_{12} \cdot \frac{dV_{2t}}{dt} + \gamma_{13} \frac{dV_{3t}}{dt} \ldots + \gamma_{1n} \frac{dV_{nt}}{dt} = \gamma_{12} \cdot \omega \cdot 2 E_m \sin \frac{\pi}{n} \cos\left(\omega t + \frac{n+2}{2n}\pi\right) + \gamma_{13} \cdot \omega\, 2 E_m \sin \frac{2\pi}{n} \cdot \cos\left(\omega t + \frac{n+4}{2n}\pi\right) + \ldots + \gamma_{1n}\, \omega\, 2 E_m \sin \frac{(n-1)\pi}{n} \cos\left(\omega t + \frac{3n-2}{2n}\pi\right).$$

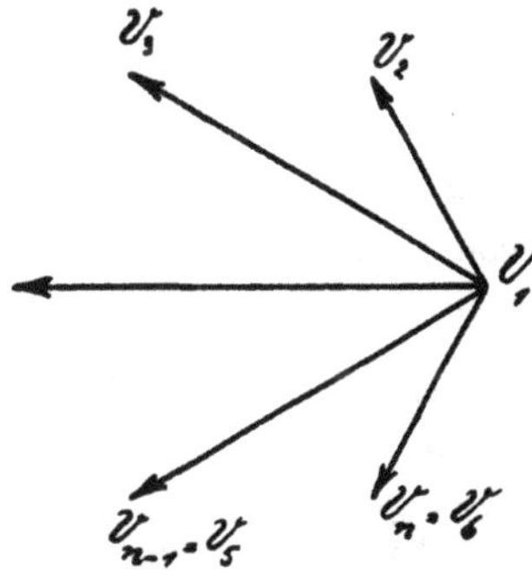

Fig. 12.

Daraus ergibt sich das Vektordiagramm (Fig. 13). Da die Konstanten γ paarweise einander gleich sind, so steht der resultierende Strom normal auf der Winkelhalbierenden der Vektoren V_3 und V_5, oder V_2 und V_6 usw.

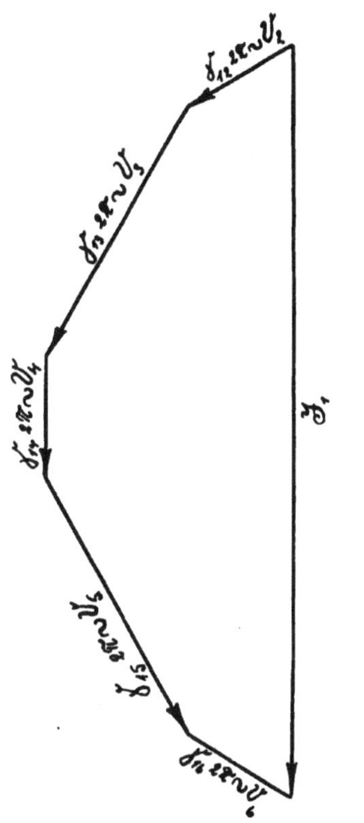

Fig. 13.

Berücksichtigt man die Werte der einzelnen Winkel in Fig. 13, so findet man mit $n = 2p + 1$ leicht.

$$J_{1t} = \left\{\gamma_{12} \cdot \omega \cdot 4 E_m \sin^2 \frac{\pi}{n} + \gamma_{13} \cdot \omega \; 4 E_m \; \sin^2 \frac{2\pi}{n} + \ldots\right\}$$

$$\sin\left(\omega t + 3\,\frac{\pi}{2}\right).$$

Setzt man

$$\gamma' = \gamma_{12} \cdot 4 \sin^2 \frac{\pi}{n} + \gamma_{13} \cdot 4 \sin^2 \frac{2\pi}{n} + \gamma_{14} \cdot 4 \sin^2 \frac{3\pi}{n} + \ldots$$

$$+ \gamma_{1,p+1} \cdot 4 \sin^2 \frac{p\pi}{n};$$

so folgt:

$$J_1 = \gamma' \omega E_m \cdot \sin\left(\omega t + \frac{3\pi}{2}\right) = \gamma' \cdot 2\pi \sim$$

$$\cdot E_m \sin\left(\omega t + \frac{3\pi}{2}\right).$$

Der effektive Wert des Stromes ist

$$J_1 = \gamma' \cdot 2\pi \sim E.$$

Offenbar ist γ' von γ verschieden.

Die Ladeströme der Leiter (2) bis (n) lassen sich in der Form

$$J = \text{const.}\; 2\pi \sim E$$

überhaupt nicht darstellen.

Ist die Reihenfolge der Phasen anders als in (11) vorausgesetzt, so erhält die Konstante γ einen andern Wert, oder die Formel (16) gilt nicht mehr. Kehrt sich jedoch die Reihenfolge der Phasen einfach um, so gelten die Formeln (14) und (16) ohne Änderung.

Nehmen wir jetzt an, daß die Bedingungen (1) bis (4) erfüllt sind. Der Ladestrom im Leiter (1) eilt der Phasenspannung V_1 um 90^0 vor und ist aus der Gleichung

$$J_1 = \gamma \cdot 2\pi \sim E \quad . \quad . \quad . \quad . \quad . \quad (16)$$

zu berechnen.

E ist stets die Phasenspannung des Systems.

Natürlich sind die Ladeströme in allen anderen Leitungen dem Strom J_1 gleich. Sie eilen den ihnen entsprechenden Phasenspannungen um 90^0 vor.

Um die scheinbare Kapazität experimentell zu bestimmen, hat man wie folgt vorzugehen.

Man schließt die Kabelleiter an die Zuleitungen eines n-phasigen Systems in der in (11) gegebenen Reihenfolge an, mißt die Spannung zwischen 2 Leitern E_0 (verkettete Spannung) und den Strom J. Die Spannungskurven sollen tunlichst sinusförmig sein.

Die Phasenspannung berechnet sich nach der Fig. 10 zu

$$E_m = \frac{E_{0m}}{2} \cdot \frac{1}{\sin \frac{\pi}{n}};$$

mithin auch

$$E = \frac{E_0}{2} \cdot \frac{1}{\sin \frac{\pi}{n}}.$$

Wir erhalten also

$$\gamma = \frac{J}{2\pi \sim \frac{E_0}{2} \cdot \frac{1}{\sin \frac{\pi}{n}}} = \frac{J \sin \frac{\pi}{n}}{\pi \sim E_0} \; (\text{c. g. s.}) \quad . \quad (17)$$

In den Entwicklungen dieses Kapitels waren alle Größen im absoluten elektrostatischen Maßsystem ausgedrückt. Demnach ist γ in der Formel (17) »scheinbare Kapazität« ausgedrückt in cm. Ist die Kabellänge gleich l cm, so beträgt die scheinbare Kapazität pro 1 cm Kabellänge, die wir wie früher mit γ_0 bezeichnen;

$$\gamma_0 = \frac{\gamma}{l} \quad . \quad . \quad . \quad . \quad . \quad . \quad (17\text{a})$$

Sie ist eine reine Zahl.

Setzt man in die Formeln (17) und (17a) E_0 in Volt, J in Amp., l in km ein, so erhält man γ in Farad, γ_0 die scheinbare Kapazität pro km Kabellänge in $\frac{\text{Farad}}{\text{km}}$.

5. Verseilte Zweileiterkabel.

Nach diesen allgemeinen Entwicklungen gehen wir jetzt zur Betrachtung einzelner praktisch wichtiger Kabelarten über.

Man könnte durch Einsetzen von $n = 2, 3, 4$ usw. in die Gleichung (13) die für die jetzt kommenden Spezialfälle gültigen Formeln ohne weiteres ableiten. Wir ziehen es aber vor, von den allgemeinen Gleichungen (10bis) auszugehen.

Als erstes Beispiel betrachten wir ein verseiltes Zweileiterkabel (Fig. 14).

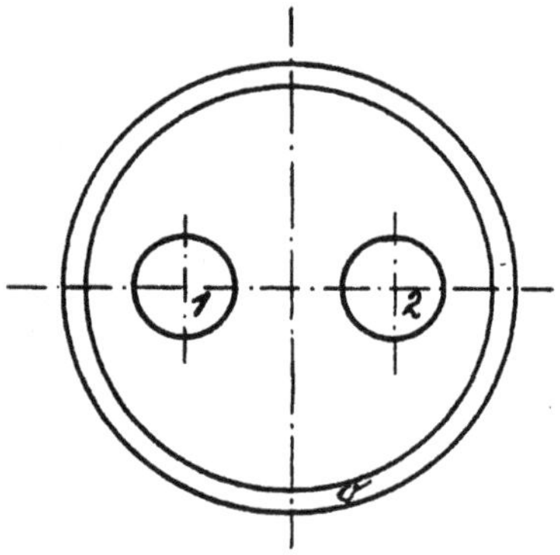

Fig. 14.

Wir setzen wie immer voraus, daß die Leiter gleiche Durchmesser haben und daß das Dielektrikum in bezug auf diese Leiter symmetrisch verteilt ist. Spannungen der Leiter gegen Erde nehmen wir zunächst als konstant an und bezeichnen sie mit V_1, V_2, die Ladungen seien Q_1, Q_2. Potential des Mantels sei V_0. Die Länge des Kabels sei gleich l cm.

Die allgemeinen Gleichungen gehen jetzt über in

$$\left.\begin{aligned} Q_1 &= \gamma_{11}(V_1 - V_0) + \gamma_{12}(V_2 - V_0) \\ Q_2 &= \gamma_{21}(V_1 - V_0) + \gamma_{22}(V_2 - V_0) \end{aligned}\right\} \gamma_{12} = \gamma_{21} \quad . \quad (18)$$

Aus der Symmetrie der Anordnung folgt

$$\gamma_{11} = \gamma_{22}.$$

Die Kapazitätseigenschaften des Kabels sind durch zwei Konstanten γ_{11} und γ_{12} eindeutig gegeben.

Ist der Mantel geerdet, und sind die beiden Leiter isoliert und an die Klemmen einer Wechselstrommaschine mit sinusförmiger Spannungskurve angeschlossen, so hat man

$$V_{0t} = 0$$

$$V_{1t} = V_t = \frac{1}{2} E_m \cdot \sin(\omega t)$$

$$V_{2t} = - V_t = - \frac{E_m}{2} \sin \omega t.$$

E_m ist der Maximalwert, $E = E_m \frac{\sqrt{2}}{2}$ der Effektivwert der Wechselspannung.

Die Formeln (18) geben jetzt

$$\left.\begin{aligned} Q_{1t} &= \gamma_{11} V_{1t} + \gamma_{12} \cdot V_{2t} = (\gamma_{11} - \gamma_{12}) V_t \\ Q_{2t} &= \gamma_{22} \cdot V_{2t} + \gamma_{21} \cdot V_{1t} = -(\gamma_{11} - \gamma_{12}) V_t \end{aligned}\right\} \qquad (18^{\text{bis}})$$

Führen wir die Bezeichnung

$$\gamma = \frac{1}{2}(\gamma_{11} - \gamma_{12})$$

ein, so erhalten wir

$$Q_{1t} = 2\gamma V_t = \gamma E_m \sin \omega t$$

$$Q_{2t} = -2\gamma V_t = -\gamma E_m \sin \omega t$$

und

$$J_{1t} = \frac{dQ_{1t}}{dt} = \gamma \cdot \omega \cdot E_m \cos \omega t = \gamma \cdot 2\pi \sim \cdot E_m \cos \omega t$$

$$J_{2t} = \frac{dQ_{2t}}{dt} = -\gamma \cdot 2\pi \sim E_m \cos \omega t = -J_{1t}.$$

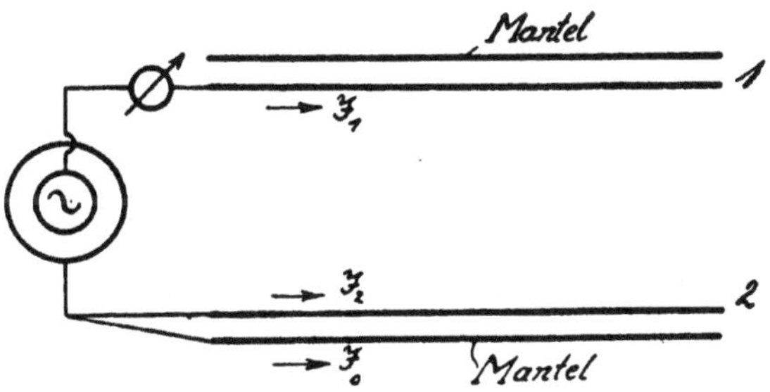

Fig. 15.

Der effektive Wert des Stromes ist

$$J = \gamma \cdot 2\pi \sim \cdot E. \quad . \quad . \quad . \quad . \quad (19)$$

$$\gamma = \frac{1}{2}(\gamma_{11} - \gamma_{12}) \quad . \quad . \quad . \quad . \quad . \quad (20)$$

ist unter den eingangs erwähnten Bedingungen die »Betriebskapazität« eines verseilten Zweileiterkabels.

Wie wir im Abschnitt 4 ausführlich dargetan haben, gilt der Wert der scheinbaren Kapazität (20) nur, wenn die Spannungskurve sinusförmig ist. Diese Beschränkung fällt indes bei einem Zweileiterkabel nach Fig. 14 fort. Tatsächlich gelten die Formeln (18bis)

$$Q_{1t} = 2\gamma \cdot V_{1t} = \gamma \cdot 2V_t; \qquad J_{1t} = \frac{dQ_{1t}}{dt} = \gamma \frac{d\,2V_t}{dt}$$

$$Q_{2t} = 2\gamma \cdot V_{2t} = -\gamma \cdot 2V_t; \qquad J_{2t} = -J_{1t},$$

wo $2V_t$ der Momentanwert der Klemmenspannung ist, unabhängig von dem zeitlichen Verlauf von $2Q_t$.

Solange also die beiden Kabelleiter isoliert sind und der Mantel geerdet ist, ist das Kabel einem Kondensator von der Kapazität

$$\gamma = \frac{1}{2}(\gamma_{11} - \gamma_{12})$$

äquivalent.

Wir nehmen jetzt an, daß der Leiter 2 und der Mantel geerdet sind.

Jetzt ist die Spannung des Leiters (1) gegen Erde:

$V_{1t} = 2V_t = E_m \sin \omega t$,

die Spannung des Leiters (2) $V_{2t} = 0$,

» » » Mantels $V_{0t} = 0$.

Wir erhalten also:

$$Q_{1t} = \gamma_{11} \cdot 2V_t = \gamma_{11} \cdot E_m \sin \omega t$$

$$Q_{2t} = \gamma_{12} \cdot 2V_t = \gamma_{12} E_m \sin \omega t$$

$$J_{1t} = \frac{dQ_{1t}}{dt} = \gamma_{11} \cdot 2\pi \sim E_m \cos \omega t$$

$$J_2 = \frac{dQ_{2t}}{dt} = \gamma_{12} \; 2\pi \sim \cdot E_m \cos \omega t.$$

Die beiden Ladeströme sind nicht gleich. Dieses Ergebnis erklärt sich, wenn man bedenkt, daß jetzt auch der Mantel einen Ladestrom führt. Wie wir wissen, ist die auf der Innenfläche des Mantels befindliche Ladung der Summe aller Innenladungen entgegengesetzt gleich.

$$Q_{0t} = -(Q_{1t} + Q_{2t}) = -(\gamma_{11} + \gamma_{12})\, 2\, V_t$$

$$J_{0t} = \frac{dQ_{0t}}{dt} = -(\gamma_{11} + \gamma_{12})\, 2\pi \sim E_m \cdot \cos \omega t$$

$$J_{1t} + J_{2t} + J_{0t} = 0.$$

Legt man den Stromzeiger, wie die Fig. 15 zeigt, in den Leiter (1), so mißt man den Ladestrom.

$$J_t = \gamma_{11} \cdot 2\pi \sim \cdot E_m \cos \omega t = \gamma' \cdot 2\pi \sim \cdot E_m \cos \omega t$$

$\gamma' = \gamma_{11}$ ist als »scheinbare Kapazität« unseres Kabels zu betrachten.

Als letztes Beispiel nehmen wir endlich an, daß eine Klemme eines Wechselstromgenerators an die beiden Leiter, die andere an den Bleimantel und an die Erde angeschlossen ist. In diesem Falle haben wir offenbar

$$V_{1t} = V_{2t} = E_m \sin \omega t$$

$$V_{0t} = 0$$

$$Q_{1t} = \gamma_{11} E_m \sin \omega t + \gamma_{12} E_m \sin \omega t$$

$$Q_{2t} = (\gamma_{11} + \gamma_{12}) E_m \sin \omega t$$

$$J_{1t} = \frac{dQ_{1t}}{dt} = (\gamma_{11} + \gamma_{12}) \cdot 2\pi \sim \cdot E_m \cos \omega t$$

$$J_{2t} = \frac{dQ_{2t}}{dt} = (\gamma_{11} + \gamma_{12}) \cdot 2\pi \sim \cdot E_m \cos \omega t = J_{1t}$$

Der Gesamtstrom J_t, der von dem nach Fig. 16 geschalteten Stromzeiger angegeben wird, ist

$$J_t = J_{1t} + J_{2t} = 2(\gamma_{11} + \gamma_{12}) \cdot 2\pi \sim \cdot E_m \cos(\omega t)$$

$$= \gamma'' \cdot 2\pi \sim \cdot E_m \cos(\omega t)$$

$\gamma'' = 2(\gamma_{11} + \gamma_{12})$ ist die »scheinbare Kapazität« unseres Kabels.

Selbstverständlich wird der Mantel von dem Strom

$$J_{0t} = -J_t = 2(\gamma_{11} + \gamma_{12}) \cdot 2\pi \sim \cdot E_m \cos(\omega t)$$

durchflossen.

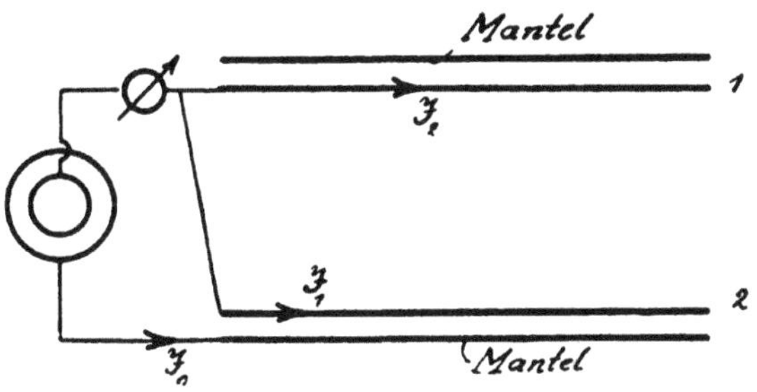

Fig. 16.

Wir bemerken noch, daß bei der Berechnung der Betriebskapazität γ und der »scheinbaren Kapazitäten«: γ', γ'' in der Formel (19) für E die Spannung des Wechselstromnetzes einzusetzen ist. Bei allgemeinen n-Leiterkabeln setzen wir indes für E immer die Phasenspannung des Systems ein.

Offenbar sind die »Kapazitäten« $\gamma, \gamma', \gamma''$, von einander verschieden.

»Die scheinbare Kapazität« eines verseilten Zweileiterkabels ist keine eindeutig bestimmte Größe; sie nimmt je nach der Schaltung verschiedene Werte an.

6. Verseilte Dreileiterkabel.

Als zweites Beispiel betrachten wir jetzt ein Dreileiterkabel (Fig. 17).

Wir setzen, wie immer, voraus, daß die Kabelleiter gleiche Durchmesser haben, und daß die Verteilung des Dielektrikums in bezug auf alle Leiter symmetrisch ist.

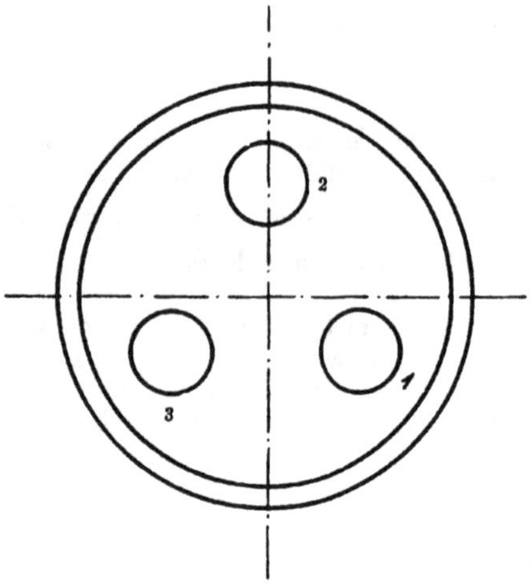

Fig. 17.

Die Spannungen der Leiter gegen Erde nehmen wir zunächst unveränderlich an und bezeichnen sie mit V_1, V_2, V_3. Die Ladungen der Leiter seien Q_1, Q_2, Q_3. Das Potential des Mantels sei V_0. Die allgemeinen Gleichungen (10bis) gehen jetzt über in:

$$\left.\begin{aligned} Q_1 &= \gamma_{11}(V_1 - V_0) + \gamma_{12}(V_2 - V_0) \\ &\quad + \gamma_{13}(V_3 - V_0); \\ Q_2 &= \gamma_{22}(V_2 - V_0) + \gamma_{21}(V_1 - V_0) \\ &\quad + \gamma_{23}(V_3 - V_0); \\ Q_3 &= \gamma_{33}(V_3 - V_0) + \gamma_{31}(V_1 - V_0) \\ &\quad + \gamma_{32}(V_2 - V_0); \end{aligned}\right\} \begin{aligned} \gamma_{13} &= \gamma_{31} \\ \gamma_{12} &= \gamma_{21} \\ \gamma_{23} &= \gamma_{32} \end{aligned} \quad . \quad . \quad (21)$$

Aus der Symmetrie der Anordnung folgt

$$\gamma_{11} = \gamma_{22} = \gamma_{33}, \quad \gamma_{12} = \gamma_{13} = \gamma_{23} \quad . \quad . \quad . \quad (22)$$

Die Kapazitätseigenschaften des Kabels sind durch zwei Konstanten

$$\gamma_{11} \text{ und } \gamma_{12}$$

eindeutig gegeben.

Nehmen wir nun erstens an, daß die Kabelleiter an die Klemmen eines Drehstromgenerators mit sinusförmiger Spannungskurve angeschlossen sind. Die Maschine sei in Stern geschaltet, ihr Nullpunkt und der Bleimantel des Kabels seien geerdet.

Der zeitliche Verlauf der Spannungen der Leiter gegen Erde ist jetzt:

$$V_{0t} = 0;$$

$$V_{1t} = E_m \sin \omega t;$$

$$V_{2t} = E_m \sin\left(\omega t + \frac{2\pi}{3}\right);$$

$$V_{3t} = E_m \sin\left(\omega t + \frac{4\pi}{3}\right);$$

$$V_{1t} + V_{2t} + V_{3t} = 0.$$

Aus (21) und (22) folgt nun

$$Q_{1t} = \gamma_{11} V_{1t} + \gamma_{12}(V_{2t} + V_{3t}) = \gamma_{11} V_{1t} - \gamma_{12} V_{1t}$$
$$= (\gamma_{11} - \gamma_{12}) V_{1t};$$

$$Q_{2t} = (\gamma_{11} - \gamma_{12}) V_{2t};$$

$$Q_{3t} = (\gamma_{11} - \gamma_{12}) V_{3t}.$$

Bezeichnen wir $\gamma_{11} - \gamma_{12}$ mit γ, so erhalten wir

$$\left.\begin{aligned} Q_{1t} &= \gamma V_{1t} = \gamma E_m \sin \omega t; \\ Q_{2t} &= \gamma V_{2t} = \gamma E_m \sin\left(\omega t + \frac{2\pi}{3}\right) \\ Q_{3t} &= \gamma V_{3t} = \gamma E_m \sin\left(\omega t + \frac{4\pi}{4}\right) \end{aligned}\right\} \quad . \quad . \quad (22^{\text{bis}});$$

E_m ist der Maximalwert der Phasenspannung. Die Ladeströme sind

$$J_{1t} = \frac{dQ_{1t}}{dt} = \gamma \cdot 2\pi \sim \cdot E_m \cos \omega t;$$

$$J_{2t} = \frac{dQ_{2t}}{dt} = \gamma \cdot 2\pi \sim \cdot E_m \cos\left(\omega t + \frac{2\pi}{3}\right);$$

$$J_{3t} = \frac{dQ_{3t}}{dt} = \gamma \cdot 2\pi \sim \cdot E_m \cos\left(\omega t + \frac{4\pi}{3}\right).$$

Ist E der Effektivwert der Phasenspannung, so finden wir für den Effektivwert der Ladeströme die Formel

$$J = \gamma \cdot 2\pi \sim \cdot E \quad . \quad . \quad . \quad . \quad . \quad (23)$$

$$\gamma = \gamma_{11} - \gamma_{12} \quad . \quad . \quad . \quad . \quad . \quad . \quad . \quad (24)$$

ist die Betriebskapazität unseres Drehstromkabels.

Die Ladeströme sind einander gleich; sie eilen den entsprechenden Phasenspannungen um 90° vor.

Die Formeln (23, 24) gelten nur, solange die Spannungen sinusförmig sind. Wir werden bald sehen, wie die Ladeströme zu berechnen sind, wenn die Spannung beliebige Kurvenform hat.

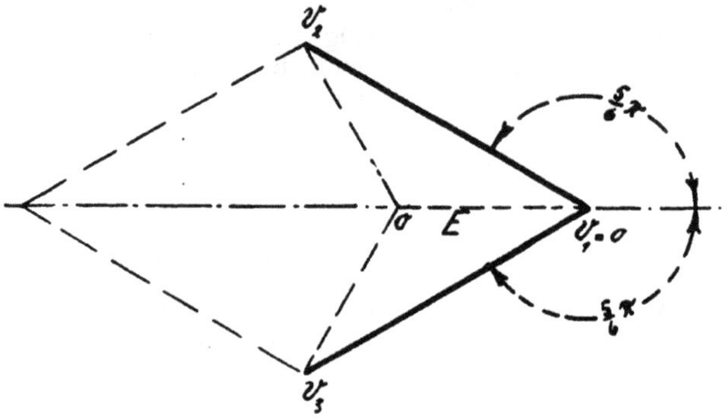

Fig. 18.

Wir nehmen jetzt zweitens an, daß ein Leiter, z. B. der Leiter (1) und der Mantel geerdet sind.

Es ist jetzt, wie aus Fig. 18 hervorgeht,

$$V_{1t} = V_{0t} = 0;$$

$$V_{2t} = E_m \sqrt{3} \sin\left(\omega t + \frac{5\pi}{6}\right) = E_m \sqrt{3} \sin(\omega t + 150^0);$$

$$V_{3t} = E_m \sqrt{3} \sin\left(\omega t + \frac{7\pi}{6}\right) = E_m \sqrt{3} \sin(\omega t + 210^0);$$

$$Q_{1t} = \gamma_{12} V_{2t} + \gamma_{13} V_{3t} = \gamma_{12}(V_{2t} + V_{3t})$$
$$= \gamma_{12} \cdot 3 E_m \sin(\omega t + \pi);$$

$$Q_{1t} = -3\gamma_{12} \cdot E_m \sin(\omega t).$$

Führen wir die Bezeichnung

$$\gamma' = -3\gamma_{12}$$

ein, so finden wir

$$Q_{1t} = \gamma' \cdot E_m \sin(\omega t);$$

$$J_t = \frac{dQ_{1t}}{dt} = \gamma' \cdot 2\pi \sim \cdot E_m \cos(\omega t).$$

Die »scheinbare Kapazität« des Leiters (1) ist jetzt

$$\gamma' = -3\gamma_{12}$$

und nicht, wie in dem zuerst betrachteten Falle

$$\gamma = \gamma_{11} - \gamma_{12}$$

Wir finden weiter

$$Q_{2t} = \gamma_{22} \cdot V_{2t} + \gamma_{23} \cdot V_{3t} = \gamma_{22} \cdot E_m \sqrt{3} \sin(\omega t + 150^0) + \gamma_{12} E_m \cdot \sqrt{3} \sin(\omega t + 210^0);$$

$$J_{2t} = \frac{dQ_{2t}}{dt} = \gamma_{22} \cdot 2\pi \sim E_m \sqrt{3} \cdot \cos(\omega t + 150^0) + \gamma_{12} \cdot 2\pi \sim \cdot E_m \sqrt{3} \cos(\omega t + 210^0) = \overset{(1)}{J_{2t}} + \overset{(2)}{J_{2t}};$$

Im allgemeinen steht jetzt J_2 auf V_2 nicht mehr senkrecht.

In ähnlicher Weite kann man auch J_3 ermitteln.

Aus diesem Beispiel sehen wir wieder, daß die Formel

$$J = 2\pi \sim \gamma E,$$

wo γ die »scheinbare Kapazität« ist, nur eine beschränkte Gültigkeit hat. Die Voraussetzungen für die Anwendbarkeit dieser Formel haben wir im Abschnitt 4 gegeben.

7. Dreileiterkabel bei Wechselstrombelastung.

Nehmen wir nun an, daß das Dreileiterkabel (Fig. 17) zum Fortleiten der Ströme eines Wechselstrom-Dreileitersystems benutzt wird. Ist die Mittelleitung geerdet, so bestimmen sich die Spannungen der Kabelleiter gegen Erde bei sinusförmiger Spannungskurve aus den Formeln

$$V_{1t} = \frac{E_m}{2} \sin \omega t$$

$$V_{2t} = 0$$

$$V_{3t} = -\frac{E_m}{2} \sin \omega t = \frac{E_m}{2} \sin(\omega t + 180^0)$$

E_m ist der Maximalwert der Spannung zwischen den Außenleitern.

Die allgemeinen Gleichungen ergeben jetzt, wenn wir den Mantel ebenfalls als geerdet annehmen:

$$Q_{1t} = \gamma_{11}(V_{1t} - V_{0t}) + \gamma_{12}(V_{2t} - V_{0t}) + \gamma_{13}(V_{3t} - V_{0t}) = \gamma_{11}\frac{E_m}{2} \sin \omega t - \gamma_{13} \cdot \frac{1}{2} E_m \sin \omega t = (\gamma_{11} - \gamma_{12}) \frac{E_m}{2} \sin \omega t = \frac{\gamma_{11} - \gamma_{12}}{2} \cdot E_m \sin(\omega t)$$

$$Q_{2t} = \gamma_{22}(V_{2t} - V_{0t}) + \gamma_{21}(V_{1t} - V_{0t}) + \gamma_{23}(V_{3t} - V_{0t}) = -\gamma_{12} \cdot \frac{E_m}{2} \sin \omega t + \gamma_{12} \cdot \frac{E_m}{2} \sin \omega t = 0$$

$$Q_{3t} = \gamma_{33}(V_{3t} - V_{0t}) + \gamma_{31}(V_{1t} - V_{0t}) + \gamma_{32}(V_{2t} - V_{0t}) = -\gamma_{11}\frac{E_m}{2} \sin(\omega t) + \gamma_{12} \cdot \frac{E_m}{2} \sin(\omega t) = -\frac{\gamma_{11} - \gamma_{12}}{2} E_m \sin \omega t;$$

Setzt man $\frac{\gamma_{11} - \gamma_{12}}{2} = \gamma$, so findet man

$$Q_{1t} = \gamma \cdot E_m \sin(\omega t)$$

$$Q_{2t} = 0$$

$$Q_{3t} = -Q_{1t}$$

$$J_{1t} = \frac{dQ_{1t}}{dt} = \gamma \cdot 2\pi \sim \cdot E_m \cos(\omega t)$$

$$J_{2t} = 0$$

$$J_{3t} = -J_{1t}$$

Der effektive Wert des Ladestromes ist

$$J_1 = \gamma \cdot 2\pi \sim \cdot E,$$

wo E den Effektivwert der Spannung zwischen den Außenleitern bedeutet. γ ist die »scheinbare Kapazität« des Kabels.

Selbstverständlich gilt das Vorstehende unverändert, wenn das Dreileiterkabel (Fig. 17) zum Fortleiten eines Wechselstromes gebraucht wird, sofern man den unbenutzten Kabelleiter erdet.

Im Abschnitt 6 haben wir gefunden, daß beim Betrieb mit Drehstrom der Ladestrom in einem Leiter den Wert

$$J = \gamma \cdot 2\pi \sim \cdot E_0;\ \gamma = \frac{\gamma_{11} - \gamma_{12}}{\sqrt{3}} \quad . \quad . \ (25)$$

hat. E_0 bedeutet die verkettete Spannung.

Erdet man aber einen Leiter und leitet durch die beiden andern einen Wechselstrom, so sinkt die »scheinbare Kapazität« im Verhältnis von $\frac{1}{\sqrt{3}} : \frac{1}{2}$.

Der Berechnung des Ladestroms wird in beiden Fällen die Spannung zwischen zwei Leitern zugrunde gelegt.

Die »scheinbare Kapazität« eines Dreileiterkabels beim Betriebe mit Drehstrom kann diesen Entwicklungen gemäß, wie folgt, mit einer Wechselstromquelle bestimmt werden. Man schließe zwei Kabelleiter an eine Wechselstromquelle von der Spannung E und erde den dritten Leiter und den Mantel. Ist J der Ladestrom, so berechnet sich die »Betriebskapazität« beim Betriebe mit Drehstrom aus der Formel

$$\gamma = \frac{J}{2\pi \sim \cdot E} \cdot \frac{2}{\sqrt{3}} \text{ (c. g. s.).}$$

E = Effektivwert der benutzten Wechselspannung.

8. Dreileiterkabel bei Wechselstrombelastung.

(Fortsetzung.)

Wir nehmen jetzt weiter an, daß ein Dreileiterkabel mit Wechselstrom betrieben wird und daß zwei Leiter parallel geschaltet die Hinleitung, der dritte Leiter die Rückleitung bildet.

Die Spannungen der Leiter gegen Erde sind jetzt gleich

$$\left.\begin{aligned} V_{1t} &= \frac{E_m}{2} \sin \omega t \\ V_{2t} &= \frac{E_m}{2} \sin \omega t \\ V_{3t} &= -\frac{E_m}{2} \sin \omega t \\ V_{0t} &= 0. \end{aligned}\right\} \quad . \quad . \quad . \ (26)$$

E_m ist der Maximalwert der Spannung.

Die allgemeine Formel (21) gibt jetzt

$$Q_{1t} = \gamma_{11}(V_{1t} - V_{0t}) + \gamma_{12}(V_{2t} - V_{0t}) + \gamma_{13}(V_{3t} - V_{0t})$$

$$= \gamma_{11} \cdot \frac{E_m}{2} \sin \omega t + \gamma_{12} \cdot \frac{E_m}{2} \sin \omega t - \gamma_{12} \cdot \frac{E_m}{2} \sin \omega t$$

$$= \frac{1}{2} \cdot \gamma_{11} E_m \sin(\omega t).$$

In gleicher Weise ist

$$\left.\begin{aligned} Q_{2t} &= \frac{1}{2}\gamma_{11} E_m \sin(\omega t) \\ Q_{3t} &= \gamma_{33}(V_{3t} - V_{0t}) + \gamma_{31}(V_{1t} - V_{0t}) + \gamma_{32}(V_{2t} - V_{0t}) \\ &= -\gamma_{11}\frac{E_m}{2}\sin(\omega t) + \gamma_{12} \cdot \frac{E_m}{2}\sin(\omega t) \\ &\quad + \gamma_{12}\frac{E_m}{2}\sin(\omega t) \\ &= (-\gamma_{11} + 2\gamma_{12})\frac{E_m}{2}\sin(\omega t) \\ &= -\frac{1}{2}(\gamma_{11} - 2\gamma_{12}) \cdot E_m \sin(\omega t). \end{aligned}\right\} \quad (27)$$

Die Ladeströme sind

$$J_{1t} = \frac{1}{2}\gamma_{11} \cdot 2\pi \sim \cdot E_m \cos(\omega t)$$

$$J_{2t} = \frac{1}{2}\gamma_{11} \cdot 2\pi \sim \cdot E_m \cos(\omega t)$$

$$J_{3t} = -\frac{1}{2}(\gamma_{11} - 2\gamma_{12}) \cdot 2\pi \sim \cdot E_m \cos(\omega t).$$

Da die Leiter (1) und (2) parallel geschaltet sind, so fließt in der Hinleitung der Gesamtstrom

$$J_t = J_{1t} + J_{2t} = \gamma_{11} \cdot 2\pi \sim \cdot E \cos(\omega t).$$

Der Strom in der Rückleitung ist aber

$$J_{3t} = -\frac{\gamma_{11} - 2\gamma_{12}}{2} \cdot 2\pi \sim \cdot E_m \cos(\omega t)$$

Offenbar ist

$$J_t + J_{3t} \neq 0.$$

Ein Blick auf die Fig. 19 lehrt aber, daß dies nicht möglich ist. Ähnlichen Fall haben wir im Abschnitt 5 bereits betrachtet. Dort ging ein Teil des Stromes auf den Mantel über, und die Kontinuität der elektrischen Strömung blieb bewahrt. Dieses kann natürlich nicht

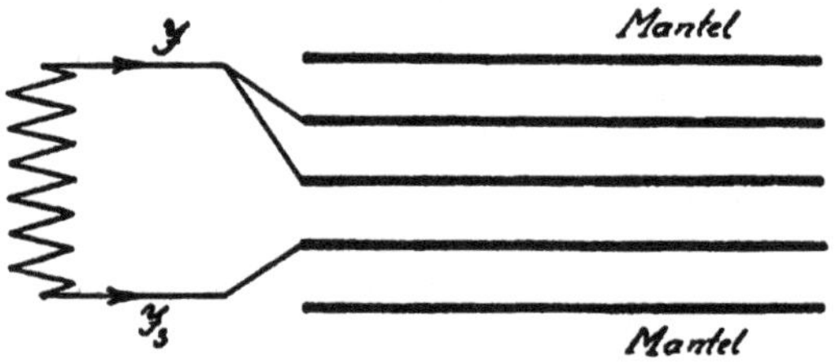

Fig. 19.

vorkommen, wenn die Statorwicklung des Wechselstromerzeugers isoliert ist. Es liegen also zwei Möglichkeiten vor. Entweder ist ein Punkt der Statorwicklung geerdet — dann geht ein Teil des Stromes durch die Erde auf den Kabelmantel über — oder die Statorwicklung ist isoliert und die Spannungsverteilung folgt dem Gesetze (26) nicht.

Nehmen wir zunächst an, der Mittelpunkt der Statorwicklung sei geerdet. Die Spannungen der Leiter gegen Erde sind durch die Gleichungen 26, ihre Ladungen durch die Formeln 27 gegeben.

Die Ladung auf der Innenfläche des Bleimantels ist, wie wir wissen, der Summe aller eingeschlossenen Ladungen entgegengesetzt gleich

$$Q_{0t} = -(Q_{1t} + Q_{2t} + Q_{3t}) = -\left(\frac{1}{2}\gamma_{11} + \frac{1}{2}\gamma_{11} - \frac{1}{2}\gamma_{11} + \gamma_{12}\right) E_m \sin(\omega t) = -\frac{1}{2}(\gamma_{11} + 2\gamma_{12}) E_m \sin(\omega t).$$

Der Ladestrom des Mantels

$$J_{0t} = -\frac{1}{2}(\gamma_{11} + 2\gamma_{12}) \cdot 2\pi \sim \cdot E_m \cos(\omega t).$$

Offenbar ist

$$J_{3t} + J_{0t} + J_t = 0.$$

Die Stromverteilung ist auf der Fig. 20 dargestellt. Offenbar werden die in die Hin- und Rückleitung eingebauten Stromzeiger verschiedene Ströme anzeigen müssen.

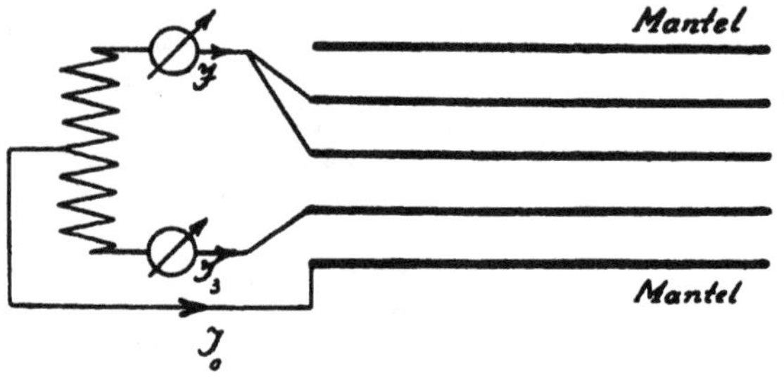

Fig. 20.

Nun der zweite Fall der isolierten Statorwicklung. Die Spannungsverteilung nach den Gleichungen (26) ist nicht mehr möglich. Wir setzen demzufolge:

$$\left.\begin{aligned} V_{1t} &= E_{1m}\sin(\omega t) \\ V_{2t} &= E_{1m}\sin(\omega t) \\ V_{3t} &= E_{2m}\sin(\omega t) \end{aligned}\right\} \quad \begin{aligned} V_{0t} &= 0 \\ E_{1m} - E_{2m} &= E_m \end{aligned}$$

und bestimmen E_{1m} und E_{2m} so, daß die Ladeströme J_{1t}, J_{2t} und J_{3t} der Beziehung

$$J_{1t} + J_{2t} + J_{3t} = 0$$

genügen.

Wir finden jetzt

$$Q_{1t} = \gamma_{11} \cdot E_{1m}\sin(\omega t) + \gamma_{12} \cdot E_{1m}(\sin\omega t) +$$

$$+ \gamma_{12} \cdot E_{2m}(\sin\omega t) = [(\gamma_{11} + \gamma_{12}) E_{1m} + \gamma_{12} \cdot E_{2m}] \sin\omega t;$$

$$Q_{2t} = Q_{1t} = [(\gamma_{11} + \gamma_{12}) E_{1m} + \gamma_{12} E_{2m}] \sin(\omega t);$$

$$Q_{3t} = \gamma_{11} E_{2m}\sin(\omega t) + \gamma_{12} \cdot E_{1m}\sin(\omega t) +$$

$$+ \gamma_{12} \cdot E_{1m}\sin(\omega t) = [\gamma_{11} \cdot E_{2m} + 2\gamma_{12} E_{1m}] \sin(\omega t).$$

Die Ladeströme sind:

$$J_{1t} = J_{2t} = [(\gamma_{11} + \gamma_{12}) E_{1m} + \gamma_{12} \cdot E_{2m}] \cdot 2\pi \sim \cdot \cos(\omega t);$$

$$J_{3t} = [\gamma_{11} \cdot E_{2m} + 2\gamma_{12} \cdot E_{1m}] \cdot 2\pi \sim \cdot \cos(\omega t).$$

Die Bedingung

$$J_{1t} + J_{2t} + J_{3t} = 0$$

ergibt

$$2(\gamma_{11} + \gamma_{12}) E_{1m} + 2\gamma_{12} \cdot E_{2m} + \gamma_{11} E_{2m} + 2\gamma_{12} \cdot E_{1m} = 0.$$

$$2(\gamma_{11} + 2\gamma_{12}) E_{1m} = -(\gamma_{11} + 2\gamma_{12}) E_{2m};$$

$$E_{1m} = -\frac{1}{2} E_{2m}.$$

Aus der Gleichung

$$E_{1m} - E_{2m} = E_m$$

folgt jetzt

$$-\frac{1}{2} E_{2m} - E_{2m} = E_m;$$

$$E_{2m} = -\frac{2}{3} E_m;$$

$$E_{1m} = \frac{1}{3} E_m.$$

Der zeitliche Verlauf der Spannungen der Leiter gegen Erde ist jetzt durch folgende Gleichungen gegeben:

$$V_{1t} = \frac{1}{3} E_m \sin(\omega t)$$

$$V_{2t} = \frac{1}{3} E_m \sin(\omega t)$$

$$V_{3t} = -\frac{2}{3} E_m \sin(\omega t).$$

Die Spannung Null gegen Erde hat nicht mehr der Mittelpunkt der Statorwicklung, sondern ein Punkt, dessen Entfernung von den Wicklungsenden $\frac{1}{3}$ und $\frac{2}{3}$ der ganzen Wicklungslänge beträgt. Dieser Punkt liegt demjenigen Ende näher, das an die beiden parallel geschalteten Kabelleiter angeschlossen ist. Man kann ihn erden (Fig. 21), ohne die Spannungsverteilung zu beeinflussen.

Wir finden jetzt

$$J_{1t} = J_{2t} = \left[(\gamma_{11} + \gamma_{12}) \cdot \frac{1}{3} E_m + \gamma_{12}\left(-\frac{2}{3} E_m\right)\right] \cdot 2\pi \sim \cdot \cos(\omega t)$$

oder

$$J_{1t} = J_{2t} = \frac{1}{3}(\gamma_{11} - \gamma_{12}) \cdot 2\pi \sim E_m \cos(\omega t);$$

$$J_{3t} = \left[\gamma_{11}\left(-\frac{2}{3} E_m\right) + 2\gamma_{12} \frac{1}{3} E_m\right] \cdot 2\pi \sim \cdot \cos(\omega t)$$

oder

$$J_{3t} = \frac{2}{3}\left[-\gamma_{11} + \gamma_{12}\right] E_m \, 2\pi \sim \cdot \cos(\omega t).$$

Offenbar ist, wie erforderlich,

$$J_{1t} + J_{2t} + J_{3t} = 0.$$

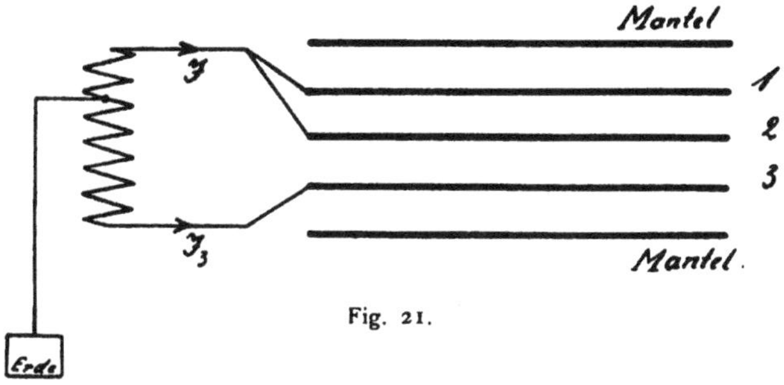

Fig. 21.

Setzen wir

$$\frac{2}{3}(\gamma_{11} - \gamma_{12}) = \gamma,$$

so folgt

$$J_t = -J_{3t} = \gamma \cdot 2\pi \sim \cdot E_m \cos(\omega t).$$

γ ist die »scheinbare Kapazität« unseres Kabels. Ist der Mittelpunkt der Statorwicklung geerdet, so berechnet sich der Ladestrom

$$J_t = -(J_{3t} + J_{0t})$$

aus der Formel

$$J_t = J_{1t} + J_{2t} = \gamma_{11} \cdot 2\pi \sim \cdot E_m \cos(\omega t).$$

Die »scheinbare Kapazität« ist

$$\gamma = \gamma_{11}.$$

Wie aus diesem Beispiel ersichtlich, hängt unter Umständen die »scheinbare Kapazität« außer von der Schaltung der Kabelleiter und der Reihenfolge der Phasen (vgl. Abschnitt 4) auch noch von dem Isolationszustand der Statorwicklung des Stromerzeugers ab. Wäre nicht der Mittelpunkt oder der Punkt in einem Drittel Entfernung, sondern ein anderer Punkt der Statorwicklung mit der Erde verbunden, so würde die »scheinbare Kapazität« dementsprechend anders ausfallen.

Bei der Betrachtung der konzentrischen Kabel werden wir auf ähnliche Erscheinungen stoßen.

Als letztes Beispiel nehmen wir jetzt an, daß alle drei Leiter verbunden und an eine Klemme eines Wechselstromerzeugers angeschlossen sind. Die andere Klemme ist mit dem Kabelmantel und Erde verbunden. Jetzt ist

$$V_{1t} = V_{2t} = V_{3t} = E_m \sin \omega t$$
$$V_{0t} = 0$$

Die Ladungen der Kabelleiter sind:

$$Q_{1t} = \gamma_{11} \cdot V_{1t} + \gamma_{12} V_{2t} + \gamma_{13} V_{3t} = (\gamma_{11} + 2\gamma_{12}) E_m \sin \omega t$$
$$Q_{2t} = Q_{3t} = Q_{1t}.$$

Die Ladeströme sind

$$J_{1t} = J_{2t} = J_{3t} = (\gamma_{11} + 2\gamma_{12}) \, 2\pi \sim E_m \cos(\omega t)$$
$$J_t = J_{1t} + J_{2t} + J_{3t} = \gamma \quad 2\pi \sim \cdot E_m \cos \omega t.$$

Die »scheinbare Kapazität« ist

$$\gamma = 3(\gamma_{11} + 2\gamma_{12})$$

Der Ladestrom des Mantels ist natürlich

$$J_{0t} = -(J_{1t} + J_{2t} + J_{3t}) = -J_t;$$

Legt man eine Klemme eines Wechselstromerzeugers an die Kabelleiter, die andere nicht an den Bleimantel, sondern an den Eisenmantel, so treten zwischen den beiden Mänteln Spannungsdifferenzen auf. Wir werden auf diese Frage weiter unten zurückkommen (s. Kapitel III Abschnitt 5).

9. Dreileiterkabel bei beliebiger Form der Spannungskurve des stromliefernden Dreiphasengenerators.

Wir betrachten wieder ein Drehstromkabel (Fig. 17) und nehmen wie zu Anfang des Abschnittes 6, alle Kabelleiter isoliert an. Der Mantel liegt an Erde. Die Phasenspannungen des Drehstromgenerators mögen jetzt beliebige Kurvenform haben. Der zeitliche Verlauf der Spannung des Leiters (1) gegen Erde sei durch die Formel

$$V_{1t} = E_{1m} \sin(\omega t + \alpha_1) + E_{3m} \sin(3\omega t + \alpha_3)$$
$$+ E_{5m} \sin(5\omega t + \alpha_5) + E_{8m} \sin(7\omega t + \alpha_7) + \ldots \quad (28)$$

gegeben.

Die erste Frage ist nun, wie hängen die Spannungen der übrigen Leiter (2) und (3) gegen Erde von der Zeit ab. Die Antwort gibt uns folgende einfache Überlegung.

Denken wir uns in einem zeitlich unveränderlichen, sonst aber beliebigen magnetischen Felde drei einfache Windungen, die um 120° und 240° gegeneinander geneigt sind und gleichmäßig rotieren. Fig. 22. Durch die Rotation werden in den Windungen wechselnde elektromotorische Kräfte induziert, deren Frequenz der sekundlichen Umdrehungszahl gleich ist. Da das Feld nicht

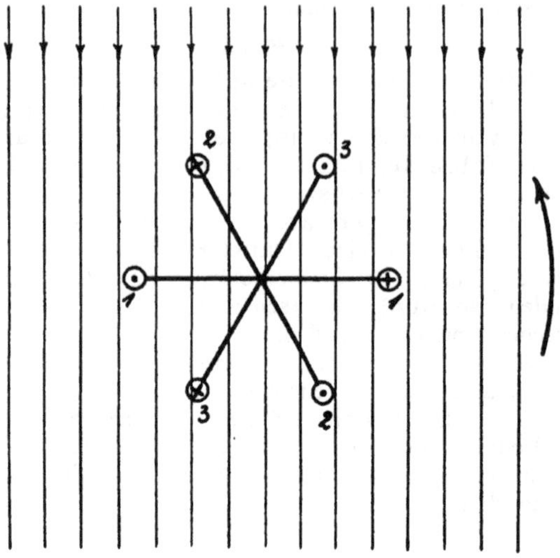

Fig. 22.

homogen ist, so wird die Kurvenform der induzierten Kräfte keine Sinuslinie sein. Die elektromotorische Kraft, die zur Zeit t in der Windung (2) induziert wird, ist gleich der elektrom. Kraft, die in der Windung (1) $\frac{1}{3}$ Umdrehung später auftreten wird. Die elektromotorische Kraft in der Windung (3) zur Zeit t ist gleich der elektromotorischen Kraft in (1) zur Zeit $t + \frac{2}{3} \times$ Dauer einer Umdrehung.

Ist die Frequenz des Wechselstromes oder, was dasselbe ist, sekundliche Umdrehungszahl der Windungen gleich $\sim$, so ist die Dauer einer Umdrehung $\frac{1}{\sim}$ sek. Ist mithin die elektr. Kraft in der Windung (1) durch den Ausdruck (28) gegeben, so finden wir für die elektr. Kräfte in (2) und (3) die Werte

$$V_{2t} = E_{1m} \sin\left[\omega\left(t + \frac{1}{3\sim}\right) + \alpha_1\right] + E_{3m} \sin\left[3\omega\left(t + \frac{1}{3\sim}\right) + \alpha_3\right] + E_{5m} \sin\left[5\omega\left(t + \frac{1}{3\sim}\right) + \alpha_5\right] + \ldots$$

$$V_{3t} = E_{1m} \sin\left[\omega\left(t + \frac{2}{3\sim}\right) + \alpha_1\right] + E_{3m} \sin\left[3\omega\left(t + \frac{2}{3\sim}\right) + \alpha_3\right] + E_{5m} \sin\left[5\omega\left(t + \frac{2}{3\sim}\right) + \alpha_5\right] + \ldots$$

Da nun

$$\omega = 2\pi\sim$$

ist, so folgt weiter

$$\left.\begin{aligned} V_{2t} = E_{1m} \sin\left[\omega t + \frac{2\pi}{3} + \alpha_1\right] &+ E_{3m} \sin\left[3\omega t + 3\frac{2\pi}{3} + \alpha_3\right] + E_{5m} \sin\left[5\omega t + 5\frac{2\pi}{3} + \alpha_5\right] + \ldots \\ V_{3t} = E_{1m} \sin\left[\omega t + \frac{4\pi}{3} + \alpha_1\right] &+ E_{3m} \sin\left[3\omega t + 3\cdot\frac{4\pi}{3} + \alpha_3\right] + E_{5m} \sin\left[5\omega t + 5\cdot\frac{4\pi}{3} + \alpha_5\right] + \ldots \end{aligned}\right\} \quad (29)$$

Diese Formeln geben also den zeitlichen Verlauf der Spannung der Kabelleiter (2) und (3) gegen Erde.

Die Momentanwerte der Ladungen sind nach (2):

$$\left.\begin{aligned} Q_{1t} &= \gamma_{11} V_{1t} + \gamma_{12}(V_{2t} + V_{3t}) \\ &= \gamma_{11} E_{1m} \sin(\omega t + \alpha_1) + \gamma_{12}\left[E_{1m} \sin\left(\omega t + \frac{2\pi}{3} + \alpha_1\right) + E_{1m} \sin\left(\omega t + \frac{4\pi}{3} + \alpha_1\right)\right] \\ &+ \gamma_{11} E_{3m} \sin(3\omega t + \alpha_3) + \gamma_{12}\left[E_{3m} \sin\left(3\omega t + 3\cdot\frac{2\pi}{3} + \alpha_3\right) + E_{3m} \sin\left(3\omega t + 3\cdot\frac{4\pi}{3} + \alpha_3\right)\right] + \gamma_{11} E_{5m} \sin(5\omega t + \alpha_5) \\ &+ \gamma_{12}\left[E_{5m} \sin\left(5\omega t + 5\cdot\frac{2\pi}{3} + \alpha_5\right) + E_{5m} \sin\left(5\omega t + 5\frac{4\pi}{3} + \alpha_5\right)\right] + \ldots \end{aligned}\right\} \quad (29^{\text{bis}})$$

Die einzelnen Glieder dieser Formel sind Ladungen, die sich auf dem Leiter (1) anhäufen würden, wenn die Spannungen entsprechend die Werte

$$\overset{(1)}{V}_{1t} = E_{1m} \sin(\omega t + \alpha_1); \quad \overset{(1)}{V}_{2t} = E_{1m} \sin\left(\omega t + \frac{2\pi}{3} + \alpha_1\right);$$

$$\overset{(1)}{V}_{3t} = E_{1m} \sin\left(\omega t + \frac{4\pi}{3} + \alpha_1\right);$$

$$\overset{(3)}{V}_{1t} = E_{3m} \sin(3\omega t + \alpha_3); \quad \overset{(3)}{V}_{2t} = E_{3m} \sin\left(3\omega t + 3\frac{2\pi}{3} + \alpha_3\right);$$

$$\overset{(3)}{V}_{3t} = E_{3m} \sin\left(3\omega t + 3\frac{4\pi}{3} + \alpha_3\right);$$

$$\overset{(5)}{V}_{1t} = E_{5m} \sin(5\omega t + \alpha_5);$$

$$\overset{5}{V}_{2t} = E_{5m} \sin\left(5\omega t + 5\cdot\frac{2\pi}{3} + \alpha_5\right);$$

$$\overset{(5)}{V}_{3t} = E_{5m} \sin\left(5\omega t + 5\cdot\frac{4\pi}{3} + \alpha_5\right)$$

etc. hätten.

Bezeichnen wir also die Ladungen, die von einzelnen harmonischen Komponenten der Spannung herrühren, mit

$$\overset{(1)}{Q}_{1t}; \quad \overset{(3)}{Q}_{1t}; \quad \overset{(5)}{Q}_{1t}; \ldots$$

$$\overset{(1)}{Q}_{2t}; \quad \overset{(3)}{Q}_{2t}; \quad \overset{(5)}{Q}_{2t}; \ldots$$

$$\overset{(1)}{Q}_{3t}; \quad \overset{(3)}{Q}_{3t}; \quad \overset{(5)}{Q}_{3t}; \ldots$$

die Ladeströme mit

$$\overset{(1)}{J}_{1t}; \quad \overset{(3)}{J}_{1t}; \quad \overset{(5)}{J}_{1t}; \ldots\ldots$$

$$\overset{(1)}{J}_{2t}; \quad \overset{(3)}{J}_{2t}; \quad \overset{(5)}{J}_{2t}; \ldots\ldots$$

$$\ldots\ldots\ldots\ldots\ldots$$

so ist offenbar

$$\begin{aligned}
Q_{1t} &= \overset{(1)}{Q}_{1t} + \overset{(3)}{Q}_{1t} + \overset{(5)}{Q}_{1t} + \ldots; \\
Q_{2t} &= \overset{(1)}{Q}_{2t} + \overset{(3)}{Q}_{2t} + \overset{(5)}{Q}_{2t} + \ldots; \\
Q_{3t} &= \overset{(1)}{Q}_{3t} + \overset{(3)}{Q}_{3t} + \overset{(5)}{Q}_{3t} + \ldots; \\
J_{1t} &= \overset{(1)}{J}_{1t} + \overset{(3)}{J}_{1t} + \overset{(5)}{J}_{1t} + \ldots; \\
J_{2t} &= \overset{(1)}{J}_{2t} + \overset{(3)}{J}_{2t} + \overset{(5)}{J}_{2t} + \ldots; \\
J_{3t} &= \overset{(1)}{J}_{3t} + \overset{(3)}{J}_{3t} + \overset{(5)}{J}_{3t} + \ldots;
\end{aligned}$$

Ist also die Spannung durch Superposition einzelner harmonischer Komponenten, deren Frequenzen sich wie $1:3:5:7\ldots.$ verhalten, entstanden, so findet man den Ladestrom, wenn man die Ladeströme, die zu den einzelnen Komponenten gehören, übereinanderlagert.

Betrachten wir nun die einzelnen Ausdrücke (29bis) etwas näher.

Für $\overset{(1)}{Q}_{1t}$ hatten wir bereits den Wert

$$\overset{(1)}{Q}_{1t} = (\gamma_{11} - \gamma_{12})\, E_{1m} \sin(\omega t + \alpha_1)$$

gefunden.

$$\begin{aligned}
\overset{(3)}{Q}_{1t} &= \gamma_{11} \cdot E_{3m} \sin(3\omega t + \alpha_3) + \gamma_{12}\,[E_{3m} \sin(3\omega t + \alpha_3 + 2\pi) \\
&\quad + E_{3m} \sin(3\omega t + \alpha_3 + 4\pi)] \\
&= E_{3m} \sin(3\omega t + \alpha_3)[\gamma_{11} + 2\gamma_{12}] = (\gamma_{11} + 2\gamma_{12}) E_{3m} \sin(3\omega t + \alpha_3).
\end{aligned}$$

Ebenso finden wir

$$\overset{(9)}{Q}_{1t} = (\gamma_{11} + 2\gamma_{12}) \cdot E_{9m} \sin(9\omega t + \alpha_9)$$

$$\overset{(15)}{Q}_{1t} = (\gamma_{11} + 2\gamma_{12}) \cdot E_{15m} \sin(15\omega t + \alpha_{15})$$

und überhaupt

$$\left.\begin{aligned}
\overset{(3n)}{Q}_{1} &= \gamma_{11} \cdot E_{3n,m} \sin(3n\omega t + \alpha_{3n}) + \gamma_{12}\Big[E_{3n,m} \sin \\
&\quad \left(3n\omega t + 3n \cdot \frac{2\pi}{3} + \alpha_{3n}\right) \\
&\quad + E_{3n,m} \sin\left(3n\omega t + 3n \cdot \frac{4\pi}{3} + \alpha_{3n}\right)\Big] \\
&= \gamma_{11} \cdot E_{3n,m} \sin(3n\omega t + \alpha_{3n}) \\
&\quad + \gamma_{12}\,[E_{3n,m} \sin(3n\omega t + \alpha_{3n}) + E_{3n,m} \sin(3n\omega t \\
&\quad + \alpha_{3n})] \\
&= (\gamma_{11} + 2\gamma_{12})\, E_{3n,m} \sin(3n\omega t + \alpha_{3n}).
\end{aligned}\right\} \quad (30)$$

Anderseits finden wir

$$\begin{aligned}
\overset{(5)}{Q}_{1t} &= \gamma_{11} \cdot E_{5m} \sin(5\omega t + \alpha_5) + \gamma_{12}\left[E_{5m} \sin\left(5\omega t + \frac{10\pi}{3} + \alpha_5\right)\right. \\
&\quad \left. + E_{5m} \sin\left(5\omega t + \frac{20\pi}{3} + \alpha_5\right)\right] \\
&= \gamma_{11} \cdot E_{5m} \sin(5\omega t + \alpha_5) + \gamma_{12}\left[E_{5m} \sin\left(5\omega t + \frac{4\pi}{3} + \alpha_5\right)\right. \\
&\quad \left. + E_{5m} \sin\left(5\omega t + \frac{2\pi}{3} + \alpha_5\right)\right]
\end{aligned}$$

oder wie im Abschnitt 6

$$\overset{(5)}{Q}_{1t} = (\gamma_{11} - \gamma_{12})\, E_{5m} \sin(5\omega t + \alpha_5).$$

In gleicher Weise finden wir

$$\overset{(7)}{Q}_{1t} = (\gamma_{11} - \gamma_{12})\, E_{7m} \sin(7\omega t + \alpha_7)$$

und überhaupt für

$$n = 3m + 1 \quad \text{oder} \quad n = 3m + 2$$

$$\begin{aligned}
\overset{(n)}{Q}_{1} &= \gamma_{11} E_{n,m} \sin(n\omega t + \alpha_1) + \gamma_{12}\left[E_{n,m} \sin\left(n\omega t + n\frac{2\pi}{3} + \alpha_n\right)\right. \\
&\quad \left. + E_{n,m} \sin\left(n\omega t + n \cdot \frac{4\pi}{3} + \alpha_n\right)\right].
\end{aligned}$$

Nun ist für $n = 3m + 1$;

$$\begin{aligned}
\sin\left(n\omega t + n \cdot \frac{2\pi}{3} + \alpha_n\right) &= \sin\left(n\omega t + \frac{3m+1}{3} \cdot 2\pi + \alpha_n\right) \\
&= \sin\left(n\omega t + \frac{2\pi}{3} + \alpha_n\right); \\
\sin\left(n\omega t + n \cdot \frac{4\pi}{3} + \alpha_n\right) &= \sin\left(n\omega t + \frac{3m+1}{3} \cdot 4\pi + \alpha_n\right) \\
&= \sin\left(n\omega t + \frac{4\pi}{3} + \alpha_n\right).
\end{aligned}$$

Für $n = 3m + 2$ ist aber

$$\begin{aligned}
\sin\left(n\omega t + n \cdot \frac{2\pi}{3} + \alpha_n\right) &= \sin\left(n\omega t + \frac{3m+2}{3} \cdot 2\pi + \alpha_n\right) \\
&= \sin\left(n\omega t + \frac{4\pi}{3} + \alpha_n\right); \\
\sin\left(n\omega t + n \cdot \frac{4\pi}{3} + \alpha_n\right) &= \sin\left(n\omega t + \frac{3m+2}{3} \cdot 4\pi + \alpha_n\right) \\
&= \sin\left(n\omega t + \frac{2\pi}{3} + \alpha_n\right).
\end{aligned}$$

In beiden Fällen ist also:

$$\begin{aligned}
\overset{(n)}{Q}_{1t} &= \gamma_{11} E_{n,m} \sin(n\omega t + \alpha_n) + \gamma_{12}\left[E_{n,\omega} \sin\left(n\omega t + \frac{2\pi}{3} + \alpha_n\right)\right. \\
&\quad \left. + E_{n,m} \sin\left(n\omega t + \frac{4\pi}{3} + \alpha_n\right)\right]
\end{aligned}$$

oder

$$Q_{1t} = (\gamma_{11} - \gamma_{12})\, E_{n,m} \sin(n\omega t + \alpha_n); \quad . \quad . \quad (31)$$

Aus den Formeln (30) und (31) ziehen wir leicht folgenden Schluß.

Die »scheinbare Kapazität« eines Dreileiterkabels (Fig. 17) ist für alle harmonischen Spannungskomponenten, deren Ordnungszahl kein Vielfaches der Zahl 3 ist, gleich der »scheinbaren Kapazität» für die Grundschwingung, oder der Betriebskapazität

$$\gamma = \gamma_{11} - \gamma_{12}.$$

Für die Komponenten, deren Ordnungszahl durch 3 teilbar ist, ist die »scheinbare Kapazität«

$$\gamma' = \gamma_{11} + 2\gamma_{12}.$$

Ist also die Phasenspannung durch die Formel

$$\left.\begin{aligned}
V_{1t} &= E_{1m} \sin(\omega t + \alpha_1) + E_{3m} \sin(3\omega t + \alpha_3) \\
&\quad + E_{5m} \sin(5\omega t + \alpha_5) + E_{7m} \sin(7\omega t + \alpha_7) + \ldots
\end{aligned}\right\} \quad (32)$$

gegeben, so findet man den Ladestrom im Leiter (1) aus der Gleichung

$$\left.\begin{aligned}
J_{1t} &= 2\pi \sim \cdot \gamma \cdot E_{1m} \cos(\omega t + \alpha_1) + 3 \cdot 2\pi \sim \\
&\quad \cdot \gamma' E_{3,m} \cos(3\omega t + \alpha_3) + 5 \cdot 2\pi \sim \cdot \gamma \cdot E_{5,m} \\
&\quad \cos(5\omega t + \alpha_5) + 7 \cdot 2\pi \sim \gamma E_{7m} \cos(7\omega t + \alpha_7) + \ldots
\end{aligned}\right\} \quad (33)$$

Die Ladeströme in den Leitern (2) und (3) sind dem Strome J_1 dem Werte nach gleich und zeitlich um $^1/_3$ und $^2/_3$ Periode gegen ihn verschoben.

Schließen wir an dieselbe Stromquelle einen Kondensator von der Kapazität γ, so berechnet sich sein Ladestrom aus der Formel

$$J_t = 2\pi \backsim \cdot \gamma \cdot E_{1m} \cos(\omega t + \alpha_1) + 3 \cdot 2\pi \backsim \cdot \gamma \cdot E_{3m} \cos(3\omega t + \alpha_3) + 5 \cdot 2\pi \backsim \cdot \gamma \cdot E_{5m} \cos(5\omega t + \alpha_5) + 7 \cdot 2\pi \backsim \cdot \gamma \cdot E_{7m} \cos(7\omega t + \alpha_7) + \ldots$$

Vergleicht man diese Formel mit der Formel (33), so sieht man, daß ein Drehstromkabel nur dann durch einen fiktiven Kondensator ersetzt werden kann, wenn die Phasenspannung keine harmonischen Komponenten von der Ordnung $n = 3m$ besitzt.

Ist diese Bedingung erfüllt, so ist die »Betriebskapazität« des Kabels

$$\gamma = \gamma_{11} - \gamma_{12},$$

Der Ladestrom

$$J_{1t} = \gamma \cdot 2\pi \backsim [E_{1m} \cos(\omega t + \alpha_1) + 5 E_{5m} \cos(5\omega t + \alpha_5) + 7 E_{7m} \cos(7\omega t + \alpha_7) + \ldots]$$

Hat aber die Spannungskurve harmonische Komponenten, deren Ordnungszahl 3, 9, 15 und überhaupt $n = 3m$ ist, so ist der Ladestrom nach (33) zu berechnen. Das Kabel kann durch einen Kondensator nicht mehr ersetzt werden.

10. n-Leiterkabel bei beliebiger Form der Spannungskurve des stromliefernden n-phasigen Generators.

Die vorstehenden Untersuchungen wollen wir jetzt auf ein allgemeines n-Leiterkabel ausdehnen.

Betrachten wir ein Kabel nach Fig. 8 und nehmen wir an, daß der zeitliche Verlauf der Spannung V_1 durch die Formel

$$\left.\begin{aligned} V_{1t} = E_{1m} \sin(\omega t + \alpha_1) + E_{3m} \sin(3\omega t + \alpha_3) \\ + E_{5m} \sin(5\omega t + \alpha_5) + \ldots \end{aligned}\right\} \quad (34)$$

gegeben sei, Da die Spannungen der Leiter (2), (3) ... (n) gegen Erde der Spannung V_1 zeitlich um $\frac{1}{n}$, $\frac{2}{n}$ etc. $\frac{n-1}{n}$ Periode vorauseilen, so sind sie offenbar durch folgende Gleichungen bestimmt:

$$\left.\begin{aligned}
V_{2t} &= E_{1m} \sin\left[\omega\left(t + \frac{2\pi}{n\omega}\right) + \alpha_1\right] + E_{3m} \sin\left[3\omega\left(t + \frac{2\pi}{n\omega}\right) + \alpha_3\right] + \ldots \\
V_{3t} &= E_{1m} \sin\left[\omega\left(t + 2\cdot\frac{2\pi}{n\omega}\right) + \alpha_1\right] + E_{3m} \sin\left[3\omega\left(t + 2\cdot\frac{2\pi}{n\omega}\right) + \alpha_3\right] + \ldots \\
&- - - - - - - - - - - \\
V_{nt} &= E_{1m} \sin\left[\omega\left(t + (n-1)\cdot\frac{2\pi}{n\omega}\right) + \alpha_1\right] + E_{3m} \sin\left[3\omega\left(t + (n-1)\frac{2\pi}{\omega}\right) + \alpha_3\right] + \ldots
\end{aligned}\right\} \quad (35)$$

oder

$$\left.\begin{aligned}
V_{2t} &= E_{1m} \sin\left(\omega t + \frac{2\pi}{n} + \alpha_1\right) + E_{3m} \sin\left(3\omega t + 3\cdot\frac{2\pi}{n} + \alpha_3\right) + E_{5m} \sin\left(5\omega t + 5\cdot\frac{2\pi}{n} + \alpha_5\right) + \ldots \\
V_{3t} &= E_{1m} \sin\left(\omega t + \frac{4\pi}{n} + \alpha_1\right) + E_{3m} \sin\left(3\omega t + 3\cdot\frac{4\pi}{n} + \alpha_3\right) + E_{5m} \sin\left(5\omega t + 5\cdot\frac{4\pi}{n} + \alpha_5\right) + \ldots \\
&- - - - - - - - - - - \\
V_{nt} &= E_{1m} \sin\left[\omega t + \frac{2(n-1)\pi}{n} + \alpha_1\right] + E_{3m} \sin\left[3\omega t + 3\cdot\frac{2(n-1)\pi}{n} + \alpha_3\right] \\
&\quad + E_{5m} \sin\left[5\omega t + 5\cdot\frac{2(n-1)\pi}{n} + \alpha_5\right] + \ldots
\end{aligned}\right\} \quad (35^{\text{bis}})$$

Wir schreiben zur Vereinfachung

$$\begin{aligned}
V_{1t} &= \overset{(1)}{V}_{1t} + \overset{(3)}{V}_{1t} + \overset{(5)}{V}_{1t} + \ldots \\
V_{2t} &= \overset{(1)}{V}_{2t} + \overset{(3)}{V}_{2t} + \overset{(5)}{V}_{2t} + \ldots \\
&- - - - - - - \\
V_{nt} &= \overset{(1)}{V}_{nt} + \overset{(3)}{V}_{nt} + \overset{(5)}{V}_{nt} + \ldots
\end{aligned}$$

$\overset{(1)}{V}_{1t}, \overset{(1)}{V}_{2t} \ldots \overset{(1)}{V}_{nt} \ldots; \overset{(3)}{V}_{1t}, \overset{(3)}{V}_{2t} \ldots, \overset{(3)}{V}_{nt} \ldots; \overset{(5)}{V}_{1t}\, \overset{(5)}{V}_{2t} \ldots \overset{(5)}{V}_{nt} \ldots$ sind Spannungen gegen Erde, die einzelnen harmonischen Komponenten der Spannungskurve entsprechen.

Vorausgesetzt ist dabei natürlich, daß die Spannungen in allen Phasen genau gleich sind.

Ist nur die Grundschwingung allein vorhanden

$$V_{1t} = \overset{(1)}{V}_{1t};\ V_{2t} = \overset{(1)}{V}_{2t};\ \ldots\ V_{nt} = \overset{(1)}{V}_{nt}$$

so berechnen sich die Ladungen aller Leiter, wenn wir annehmen, daß der Mantel geerdet ist, aus den Gleichungen

$$\left.\begin{aligned}
\overset{(1)}{Q}_{1t} &= \gamma_{11} \overset{(1)}{V}_{1t} + \gamma_{12} \overset{(1)}{V}_{2t} + \ldots\ldots + \gamma_{1n} \overset{(1)}{V}_{nt} \\
\overset{(1)}{Q}_{2t} &= \gamma_{21} \overset{(1)}{V}_{1t} + \gamma_{22} \overset{(1)}{V}_{2t} + \ldots\ldots + \gamma_{2n} \overset{(1)}{V}_{nt} \\
&- - - - - - - - - - \\
\overset{(1)}{Q}_{nt} &= \gamma_{n1} \overset{(1)}{V}_{1t} + \gamma_{n2} \overset{(1)}{V}_{2t} + \ldots\ldots + \gamma_{nn} \overset{(1)}{V}_{nt}
\end{aligned}\right\} \quad (36)$$

Da der Kabelquerschnitt in bezug auf alle Leiter symmetrisch ist, so gelten wie wir wissen, die Relationen

$$\begin{aligned}
\gamma_{11} &= \gamma_{22} = \ldots\ldots = \gamma_{nn} \\
\gamma_{12} &= \gamma_{23} = \ldots\ldots = \gamma_{n-1,\,n} = \gamma_{n,\,n-1} = \ldots = \gamma_{32} = \gamma_{21} \\
\gamma_{13} &= \gamma_{24} = \ldots\ldots = \gamma_{n-2,\,n} = \gamma_{n,\,n-2} = \ldots = \gamma_{42} = \gamma_{31}
\end{aligned}$$

Ist die dritte harmonische Komponente der Spannung allein vorhanden, so berechnen sich die Ladungen aus den Formeln

$$\left.\begin{aligned}
\overset{(3)}{Q}_{1t} &= \gamma_{11} \overset{(3)}{V}_{1t} + \gamma_{12} \overset{(3)}{V}_{2t} + \ldots\ldots + \gamma_{1n} \overset{(3)}{V}_{nt} \\
\overset{(3)}{Q}_{2t} &= \gamma_{21} \overset{(3)}{V}_{1t} + \gamma_{22} \overset{(3)}{V}_{2t} + \ldots\ldots + \gamma_{2n} \overset{(3)}{V}_{nt} \\
&- - - - - - - - - - \\
\overset{(3)}{Q}_{nt} &= \gamma_{n1} \overset{(3)}{V}_{1t} + \gamma_{n2} \cdot \overset{(3)}{V}_{2t} + \ldots\ldots + \gamma_{nn} \cdot \overset{(3)}{V}_{nt}
\end{aligned}\right\} \quad (37)$$

Für die 5ᵗᵉ, 7ᵗᵉ und überhaupt n^{te} Komponente gelten dieselben Gleichungen, wenn man statt $\overset{(3)}{V_1}$, $\overset{(3)}{Q_1}$ etc. überall $\overset{(5)}{V_1}$, $\overset{(5)}{Q_1}$, ... etc. schreibt.

Wir erhalten somit für jeden Leiter eine Reihe von Ladungen

$$\overset{(1)}{Q}_{1t}, \overset{(3)}{Q}_{1t}, \overset{(5)}{Q}_{1t} \ldots$$
$$\overset{(1)}{Q}_{2t}, \overset{(3)}{Q}_{2t}, \overset{(5)}{Q}_{2t} \ldots.$$
$$— \quad — \quad —$$
$$\overset{(1)}{Q}_{nt}, \overset{(3)}{Q}_{nt}, \overset{(5)}{Q}_{nt}, \ldots$$

die den einzelnen harmonischen Komponenten der Spannung entsprechen. Ist nun die Spannung durch die Formel (34) gegeben, so superponieren sich die einzelnen Ladungen und wir erhalten

$$\left.\begin{array}{l} Q_{1t} = \overset{(1)}{Q}_{1t} + \overset{(3)}{Q}_{1t} + \overset{(5)}{Q}_{1t} + \ldots \\ Q_{2t} = \overset{(1)}{Q}_{2t} + \overset{(3)}{Q}_{2t} + \overset{(5)}{Q}_{2t} + \ldots \\ — \quad — \quad — \quad — \quad — \\ Q_{nt} = \overset{(1)}{Q}_{nt} + \overset{(3)}{Q}_{nt} + \overset{(5)}{Q}_{nt} + \ldots \end{array}\right\} \quad . \quad (38)$$

Was für die Ladungen gilt, gilt natürlich auch für die Ladeströme.

Wir finden

$$\left.\begin{array}{l} J_{1t} = \overset{(1)}{J}_{1t} + \overset{(3)}{J}_{1t} + \overset{(5)}{J}_{1t} + \ldots \\ J_{2t} = \overset{(1)}{J}_{2t} + \overset{(3)}{J}_{2t} + \overset{(5)}{J}_{2t} + \ldots \\ — \quad — \quad — \quad — \quad — \\ J_{nt} = \overset{(1)}{J}_{nt} + \overset{(3)}{J}_{nt} + \overset{(5)}{J}_{nt} + \ldots \end{array}\right\} \quad . \quad (39)$$

Den Ladestrom, welcher der Grundschwingung entspricht, haben wir im Abschnitt 4 gefunden.

$$\overset{(1)}{J_1} = 2\pi \sim \cdot \gamma \cdot E_1$$
$$\overset{(1)}{J_1} = \overset{(1)}{J_2} = \overset{(1)}{J_3} = \ldots = \overset{(1)}{J_n}$$

Die Konstante

$$\gamma = \gamma_{11} + \gamma_{12} \cos\left(\frac{2\pi}{n}\right) + \gamma_{13} \cos\left(2 \cdot \frac{2\pi}{n}\right)$$
$$+ \gamma_{14} \cos\left(3 \cdot \frac{2\pi}{n}\right) + \ldots + \gamma_{1n} \cos\left((n-1)\frac{2\pi}{n}\right)$$

haben wir die »scheinbare Kapazität« des Kabels genannt.

Wir untersuchen jetzt, ob auch die Ladeströme $\overset{(3)}{J_1}$, $\overset{(5)}{J_1}$ etc. sich in ähnlicher Weise darstellen lassen.

Betrachten wir zunächst die Werte $\overset{(3)}{J_1}, \overset{(3)}{J_2}, \ldots \overset{(3)}{J_n}$.

Aus (37) finden wir

$$\overset{(3)}{Q}_{1t} = \gamma_{11} \cdot E_{3m} \sin(3\omega t + \alpha_3)$$
$$+ \gamma_{12} \cdot E_{3m} \sin\left[3\omega t + 3 \cdot \frac{2\pi}{n} + \alpha_3\right]$$
$$+ \gamma_{13} \cdot E_{3m} \sin\left[3\omega t + 3 \cdot \frac{4\pi}{n} + \alpha_3\right] + \ldots,$$

demnach auch

$$\overset{(3)}{J}_{1t} = \frac{d\overset{(3)}{Q}_{1t}}{dt} = 3 \cdot 2\pi \cdot \sim E_{3m}\Big[\gamma_{11} \cos(3\omega t + \alpha_3)$$
$$+ \gamma_{12} \cdot \cos\left(3\omega t + 3 \cdot \frac{2\pi}{n} + \alpha_3\right)$$
$$+ \gamma_{13} \cos\left(3\omega t + 3 \cdot \frac{4\pi}{n} + \alpha_3\right) + \ldots\Big]$$

oder, wenn wir auch die letzten Glieder dieser Reihe aufschreiben

$$\left.\begin{array}{l} \overset{(3)}{J}_{1t} = 3 \cdot 2\pi \sim \cdot E_{3m}\Big[\gamma_{11} \cos.(3\omega t + \alpha_3) \\ + \gamma_{12} \cos\left(3\omega t + 3 \cdot \frac{2\pi}{n} + \alpha_3\right) \\ + \gamma_{13} \cos\left(3\omega t + 3 \cdot \frac{4\pi}{n} + \alpha_3\right) + \ldots + \\ + \gamma_{1,n-2} \cos\left(3\omega t + 3 \cdot \frac{2(n-3)\pi}{n} + \alpha_3\right) \\ + \gamma_{1,n-1} \cos\left(3\omega t + 3 \cdot \frac{2(n-2)\pi}{n} + \alpha_3\right) \\ + \gamma_{1n} \cos\left(3\omega t + 3 \cdot \frac{2(n-1)\pi}{n} + \alpha_3\right)\Big] \end{array}\right\} \quad . \quad . \quad (40)$$

Für die letzten Glieder können wir auch setzen

$$\ldots + \gamma_{1,n-2} \cos\left(3\omega t - 3 \cdot \frac{6\pi}{n} + \alpha_3\right)$$
$$+ \gamma_{1,n-1} \cos\left(3\omega t - 3 \cdot \frac{4\pi}{n} + \alpha_3\right)$$
$$+ \gamma_{1,n} \cos\left(3\omega t - 3 \cdot \frac{2\pi}{n} + \alpha_3\right)\Big]$$

Da nun, wie wir wissen,

$$\gamma_{12} = \gamma_{1,n}; \quad \gamma_{13} = \gamma_{1,n-1}; \quad \gamma_{14} = \gamma_{1,n-2} \text{ etc.,}$$

so können wir die entsprechenden Glieder der Formel (40) zusammenfassen und schreiben

$$\overset{(3)}{J}_{1t} = 3 \cdot 2\pi \sim E_{3m}\Big[\gamma_{11} \cdot \cos(3\omega t + \alpha_3)$$
$$+ \gamma_{12}\Big\{\cos\left(3\omega t + 3 \cdot \frac{2\pi}{n} + \alpha_3\right)$$
$$+ \cos\left(3\omega t - 3\,\frac{2\pi}{n} + \alpha_3\right)\Big\}$$
$$+ \gamma_{13}\Big\{\cos\left(3\omega t + 3 \cdot \frac{4\pi}{n} + \alpha_3\right)$$
$$+ \cos\left(3\omega t - 3\,\frac{4\pi}{n} + \alpha_3\right)\Big\}$$
$$+ \gamma_{14}\Big\{\cos\left(3\omega t + 3 \cdot \frac{6\pi}{n} + \alpha_3\right)$$
$$+ \cos\left(3\omega t - 3 \cdot \frac{6\pi}{n} + \alpha_3\right)\Big\} + \ldots\Big];$$

Die Summe zweier Kosinusglieder können wir nach der Formel

$$\cos\alpha + \cos\beta = 2\cos\frac{1}{2}(\alpha + \beta) \cdot \cos\frac{1}{2}(\alpha - \beta);$$

umformen. Wir finden so

$$\overset{(3)}{J}_{1t} = 3 \cdot 2\pi \sim \cdot E_{3m}\Big\{\gamma_{11} \cdot \cos(3\omega t + \alpha_3)$$
$$+ 2\gamma_{12} \cdot \cos(3\omega t + \alpha_3) \cdot \cos 3 \cdot \frac{2\pi}{n}$$
$$+ 2\gamma_{13} \cos(3\omega t + \alpha_3) \cdot \cos 3 \cdot \frac{4\pi}{n}$$
$$+ 2\gamma_{14} \cdot \cos(3\omega t + \alpha_3) \cdot \cos 3 \cdot \frac{6\pi}{n} + \ldots\Big\}$$
$$= 3 \cdot 2\pi \sim \cdot E_{3m} \cdot \cos(3\omega t + \alpha_3)$$
$$\Big[\gamma_{11} + 2\gamma_{12} \cdot \cos 3\left(\frac{2\pi}{n}\right) + 2\gamma_{13} \cdot \cos 3 \cdot \left(\frac{4\pi}{n}\right)$$
$$+ 2\gamma_{14} \cdot \cos \cdot 3 \cdot \left(\frac{6\pi}{n}\right) + \ldots\Big];$$

Das letzte Glied des Klammerausdruckes ist

$$2\,\gamma_{1,\frac{n+1}{2}} \cos\left[3\cdot\left(\frac{n-1}{2}\right)\frac{2\pi}{n}\right] \text{ für ungerade } n \text{ und}$$

$$-\gamma_{1,\frac{n+2}{2}} \text{ für gerade } n$$

oder für alle n:

$$\overset{(3)}{J_1} = 3\cdot 2\pi\cdot\sim\cdot E_3 \cos(3\,\omega t + \alpha_3)\Big[\gamma_{11} + \gamma_{12}\cos\left(3\cdot\frac{2\pi}{n}\right)$$

$$+\gamma_{13}\cos\left(6\cdot\frac{2\pi}{n}\right) + \gamma_{14}\cos\left(9\cdot\frac{2\pi}{n}\right) + \gamma_{15}\cos\left(12\cdot\frac{2\pi}{n}\right) + \ldots$$

$$+\gamma_{1,n}\cos\left(3\cdot(n-1)\cdot\frac{2\pi}{n}\right)\Big].$$

Setzt man den Klammerausdruck gleich $\overset{(3)}{\gamma}$, also

$$\overset{(3)}{\gamma} = \gamma_{11} + \gamma_{12}\cdot\cos\left(3\cdot\frac{2\pi}{n}\right) + \gamma_{13}\cos\left(6\cdot\frac{2\pi}{n}\right) + \ldots$$

$$+\gamma_{1,n}\cos\left(3\,(n-1)\frac{2\pi}{n}\right), \quad . \quad . \quad . \quad . \quad (41)$$

so erhält man

$$\overset{(3)}{J_{1t}} = \overset{(3)}{\gamma}\cdot 3\cdot 2\pi\cdot\sim\cdot E_{3m}\cos(3\,\omega t + \alpha_3).$$

Den Ausdruck $\overset{(3)}{\gamma}$ können wir als die »scheinbare Kapazität«, die der dritten harmonischen Komponente der Spannung entspricht, auffassen. Offenbar ist im allgemeinen

$$\overset{(3)}{\gamma} \gtrless \gamma.$$

Für die fünften harmonischen Komponenten der Spannung würden wir durch analoge Rechnung den Ausdruck erhalten

$$\left.\begin{aligned} &\overset{(5)}{J_{1t}} = \overset{(5)}{\gamma}\cdot 5\cdot 2\pi\cdot\sim\cdot E_{5m}\cos(5\,\omega t + \alpha_5);\\ &\overset{(5)}{\gamma} = \gamma_{11} + \gamma_{12}\cos\left(5\cdot\frac{2\pi}{n}\right) + \gamma_{13}\cos\left(10\cdot\frac{2\pi}{n}\right)\\ &+\gamma_{14}\cdot\cos\left(15\cdot\frac{2\pi}{n}\right) + \ldots + \gamma_{1,n}\cos\left(5\,(n-1)\frac{2\pi}{n}\right); \end{aligned}\right\}(42)$$

$\overset{(5)}{\gamma}$ ist die »scheinbare Kapazität«, die der fünften harmonischen Komponente der Spannung entspricht.

Wir finden in ähnlicher Weise

$$\gamma^{(7)} = \gamma_{11} + \gamma_{12}\cos\left(7\cdot\frac{2\pi}{n}\right) + \gamma_{13}\cos\left(14\cdot\frac{2\pi}{n}\right) + \ldots$$

$$+\gamma_{1n}\cos\left(7\,(n-1)\frac{2\pi}{n}\right) \quad . \quad (43)$$

Für ungerade n ist

$$\gamma^{(n)} = \gamma_{11} + \gamma_{12}\cos\left(n\cdot\frac{2\pi}{n}\right) + \gamma_{13}\cos\left(2n\cdot\frac{2\pi}{n}\right) + \ldots$$

$$+\gamma_{1n}\cos\left(n\,(n-1)\frac{2\pi}{n}\right) = \gamma_{11} + \gamma_{12} + \gamma_{13} + \ldots + \gamma_{1n};$$

$$\gamma^{(n+2)} = \gamma_{11} + \gamma_{12}\cos\left((n+2)\cdot\frac{2\pi}{n}\right) + \gamma_{13}\cos\left(2\,(n+2)\frac{2\pi}{n}\right)$$

$$+\ldots + \gamma_{1n}\cos\left[(n+2)(n-1)\frac{2\pi}{n}\right]$$

$$= \gamma_{11} + \gamma_{12}\cos\left(2\cdot\frac{2\pi}{n}\right) + \gamma_{13}\cos\left(4\,\frac{2\pi}{n}\right)$$

$$+\ldots + \gamma_{1n}\cos 2\,(n-1)\frac{2\pi}{n}$$

$$\gamma^{(n+4)} = \gamma_{11} + \gamma_{12}\cos 4\cdot\frac{2\pi}{n} + \gamma_{13}\cos 8\cdot\frac{2\pi}{n} + \ldots$$

$$+\gamma_{1n}\cos 4\,(n-1)\frac{2\pi}{n}.$$

$$\gamma^{(2n-1)} = \gamma_{11} + \gamma_{12}\cos\left(\frac{2\pi}{n}\right) + \gamma_{13}\cos\left(2\cdot\frac{2\pi}{n}\right)$$

$$+\gamma_{14}\cos\left(3\,\frac{2\pi}{n}\right) + \ldots + \gamma_{1n}\cos\left[(n-1)\frac{2\pi}{n}\right] = \gamma;$$

$$\gamma^{2n+1} = \gamma^{(2n-1)} = \gamma;\quad \gamma^{(2n+3)} = \gamma^{(3)};\quad \gamma^{(2n+5)} = \gamma^{(5)};\ldots$$

Es ist leicht einzusehen, daß allgemein

$$\gamma^{(2n-p)} = \gamma^{(p)}.$$

Die von einander verschiedenen »scheinbaren Kapazitäten« sind

$$\gamma,\ \gamma^{(3)},\ \gamma^{(5)},\ \ldots\ldots\ \gamma^{(n)}.$$

Ihre Zahl beträgt

$$\frac{n+1}{2}.$$

Ist n gerade, so sind die von einander verschiedenen »scheinbaren Kapazitäten«

$$\gamma,\ \gamma^{(3)},\ \ldots\ldots\ \gamma^{(n-1)}.$$

Ihre Zahl beträgt

$$\frac{n}{2}.$$

Für $n = 2$ ist die Zahl der von einander unabhängigen »scheinbaren Kapazitäten« gleich 1. Ein Zweileiterkabel kann stets, wie die Spannungskurve auch beschaffen sein mag, durch einen äquivalenten Kondensator ersetzt werden. Dieses Resultat ist im Abschnitt 5 bereits abgeleitet worden. Für $n = 3$ ist $\frac{n+1}{2} = 2$.

Bei einem Dreileiterkabel hat man mit zwei »scheinbaren Kapazitäten« zu rechnen. Zu demselben Ergebnis sind wir durch direkte Betrachtungen im Abschnitt 9 gekommen.

Für $n = 2, 3, 4, 5, 6, 7, 8, \ldots$ ist die Zahl der Konstanten $\gamma^{(p)}$ gleich $1, 2, 2, 3, 3, 4, 4, \ldots$

Im allgemeinen kann also ein n-Leiterkabel nur dann durch einen äquivalenten Kondensator ersetzt werden, wenn die Spannungskurve eine Sinuslinie ist. (Vgl. Abschnitt 4.) Ist diese Bedingung nicht erfüllt, so berechnet man den Ladestrom aus den Formeln (39).

Kapitel II.

Konzentrische und Einfachkabel.

1. Konzentrische Zweileiterkabel.

Im vorhergehenden Kapitel haben wir uns ausschließlich mit verseilten Zwei-, Drei- und Mehrleiterkabeln beschäftigt. Jetzt gehen wir zur Betrachtung der konzentrischen Kabel über. Wir wollen mit der Untersuchung eines konzentrischen Zweileiter- oder Wechselstromkabels beginnen.

Fig. 23 möge den Querschnitt eines Kabels dieser Art darstellen. Wir bezeichnen den Halbmesser des Innenleiters mit . . . . r_1
den inneren Halbmesser des Außenleiters mit . . r_2
» äußeren » » » » . . r_3
» inneren » » Bleimantels » . . r_4

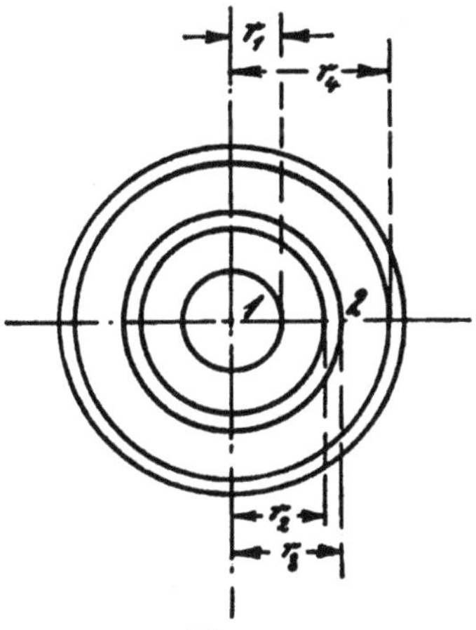

Fig. 23.

Sind die Potentiale der Leiter V_1, V_2, V_0, so berechnet sich die Ladung des Innenleiters pro Längeneinheit aus der Formel

$$Q_1 = (V_1 - V_2) \cdot \frac{\delta_1}{2 \log \operatorname{nat} \frac{r_2}{r_1}} = c_1 (V_1 - V_2); \quad \text{c. g. s.} \qquad (1)$$

δ_1 ist die Dielektrizitätskonstante des zwischen den beiden Leitern befindlichen Isolationsmaterials.

(1) ist die bekannte Formel für die Kapazität eines Zylinderkondensators pro Längeneinheit. Die Ladung Q_1 befindet sich auf der Außenfläche des Leiters (1).

Eine ebenso große Ladung entgegengesetzten Vorzeichens ist auf der Innenfläche des Leiters (2) angehäuft.

$$\overset{(i)}{Q_2} = -(V_1 - V_2) \cdot \frac{\delta_1}{2 \log \operatorname{nat} \frac{r_2}{r_1}} = c_1 (V_2 - V_1); \quad \text{c.g.s.} \qquad (2)$$

Der Leiter (2) und der Bleimantel bilden die Belegungen eines Zylinderkondensators, dessen Kapazität pro Längeneinheit ist

$$c_2 = \frac{\delta_2}{2 \log \operatorname{nat} \frac{r_4}{r_3}}; \quad \text{c. g. s.}$$

δ_2 ist die Dielektrizitätskonstante des zwischen dem Außenleiter und dem Mantel befindlichen Isolationsmaterials.

Die Außenfläche des Leiters (2) und die Innenfläche des Mantels bilden daher den Sitz der Ladungen.

$$\left.\begin{aligned} \overset{a}{Q_2} &= (V_2 - V_0) \cdot \frac{\delta_2}{2 \log \operatorname{nat} \frac{r_4}{r_3}} = c_2 (V_2 - V_0); \quad \text{c.g.s.} \\ Q_0 &= -(V_2 - V_0) \cdot \frac{\delta_2}{2 \log \operatorname{nat} \frac{r_4}{r_3}} = c_2 (V_0 - V_2); \quad \text{c.g.s.} \end{aligned}\right\} \quad (3)$$

Schließen wir die beiden Leiter (1) und (2) an die Klemmen eines Wechselstromerzeugers mit sinusförmiger Spannungskurve, so wird

$$\left.\begin{aligned} &\left.\begin{aligned} V_{1t} &= E_{1m} \sin(\omega t); \\ V_{2t} &= E_{2m} \sin(\omega t); \end{aligned}\right\} E_{1m} - E_{2m} = E_m \\ &V_0 = 0 \end{aligned}\right\} \quad (4)$$

E_m ist der Maximalwert der Spannung.

Wir nehmen jetzt nicht mehr

$$E_{1m} = -E_{2m} = \frac{E_m}{2}$$

an, weil, wie wir es im Kapitel I, Abschnitt 8 bereits gesehen haben, diese Spannungsverteilung nicht immer möglich ist.

Die Ladungen der Leiter pro Längeneinheit sind jetzt:

$$\left.\begin{aligned} Q_{1t} &= c_1 E_m \sin(\omega t); \\ \overset{i}{Q}_{2t} &= -c_1 E_m \sin(\omega t); \\ \overset{a}{Q}_{2t} &= c_2 \cdot E_{2m} \sin(\omega t); \\ Q_{0t} &= -c_2 \cdot E_{2m} \sin(\omega t); \end{aligned}\right\} \quad . \; . \; . \; . \; . \quad (5)$$

Ladeströme:

$$\left.\begin{aligned} J_{1t} &= 2\pi \sim \cdot c_1 \cdot E_m \cos(\omega t); \\ \overset{(i)}{J}_{2t} &= -2\pi \sim \cdot c_1 \cdot E_m \cos(\omega t); \\ \overset{(a)}{J}_{2t} &= 2\pi \sim \cdot c_2 \cdot E_{2m} \cos(\omega t); \\ J_{0t} &= -2\pi \sim \cdot c_2 \cdot E_{2m} \cos(\omega t); \end{aligned}\right\} \quad . \; . \quad (6)$$

Wir unterscheiden jetzt zwei Fälle, je nachdem die Statorwicklung isoliert ist, oder ihr Mittelpunkt an Erde liegt.

Ist die Statorwicklung isoliert, so muß J_0 verschwinden.

Wir finden also

$$E_{2m} = 0; \quad E_{1m} = E_m.$$

Nehmen wir an, daß der Außenleiter statische Ladung Q besitzt. Eine entgegengesetzt gleiche Ladung $-Q$ wird sich natürlich auf der Innenseite des Mantels ansammeln. Da der Mantel Spannung Null gegen die Erde hat, so wird die Spannung des Außenleiters gegen die Erde konstant

$$\frac{Q}{c_2}$$

betragen.

Der zeitliche Verlauf der Spannung des Innenleiters ist mithin durch die Gleichung

$$V_{1t} = \frac{Q}{c_2} + E_m \sin(\omega t) \quad . \; . \; . \; . \quad (7)$$

gegeben.

Der Ladestrom ist

$$J_{1t} = -\overset{i}{J}_{2t} = -J_{2t} = 2\pi \sim \cdot c_1 E_m \cos(\omega t) \quad (8)$$

$\gamma_0 = c_1$ ist die Kapazität des Kabels pro Längeneinheit.

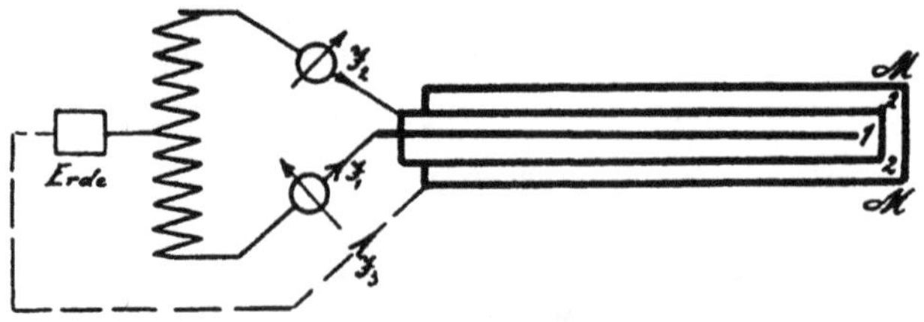

Fig. 24.

Wir nehmen jetzt zweitens an, daß der Mittelpunkt der Statorwicklung geerdet ist. Jetzt ist

$$\left.\begin{aligned} E_{1m} &= -E_{2m} = \frac{1}{2} E_m \\ J_{1t} &= 2\pi \sim \cdot c_1 \cdot E_m \cos(\omega t) \\ \overset{i}{J}_{2t} &= -2\pi \sim \cdot c_1 \cdot E_m \cos(\omega t) \\ \overset{a}{J}_{2t} &= 2\pi \sim \cdot c_2 \cdot \frac{E_m}{2} \cos(\omega t) \\ J_{0t} &= -2\pi \sim \cdot c_2 \cdot \frac{E_m}{2} \cos(\omega t) \end{aligned}\right\} \quad (9)$$

Der Ladestrom des Leiters (1) ist

$$J_{1t},$$

des Leiters (2)

$$J_{2t} = \overset{i}{J}_{2t} + \overset{a}{J}_{2t} = 2\pi \sim \left(\frac{c_2}{2} - c_1\right) E_m \cos(\omega t) \quad (10)$$

Offenbar ist

$$J_1 > J_2.$$

Die in den beiden Zuleitungen eingebauten Stromzeiger (Fig. 24) werden verschiedene Ströme angeben. Der Widerspruch löst sich, wenn man bedenkt, daß jetzt ein Ladestrom J_0 von der Wicklungsmitte nach dem Mantel abzweigt. Tatsächlich ist

$$J_1 = -(J_2 + J_0).$$

2. Konzentrische Dreileiterkabel.

Betrachten wir weiter ein konzentrisches Dreileiterkabel (Fig. 25)[1]).

Wir bezeichnen

den	Halbmesser	des	Innenleiters	mit	r_1
» inneren	»	»	Leiters 2	»	r_2
» äußeren	»	»	» 2	»	r_3
» inneren	»	»	» 3	»	r_4
» äußeren	»	»	» 3	»	r_5
» inneren[1])	»	»	Bleimantels	»	r_6.

Sind die Potentiale der Leiter V_1, V_2, V_3 und V_0, so berechnet sich die Ladung des Innenleiters pro Längeneinheit aus der Formel

$$Q_1 = (V_1 - V_2) \cdot \frac{\delta_1}{2 \log \text{nat} \frac{r_2}{r_1}} = c_1 (V_1 - V_2); \text{ c.g.s.} \quad (11)$$

δ_1 ist die Dielektrizitätskonstante des zwischen den beiden Leitern (1) und (2) befindlichen Isolationsmaterials. Die Ladung Q_1 befindet sich auf der Außenfläche des Leiters (1).

[1]) Auf der Fig. 25 ist versehentlich mit r_6 der äußere Halbmesser des Bleimantels bezeichnet worden.

Auf der Innenfläche des Leiters (2) ist die Ladung

$$\overset{i}{Q}_2 = -(V_1 - V_2) \cdot \frac{\delta_1}{2 \log \text{nat} \frac{r_2}{r_1}} = c_1 (V_2 - V_1); \text{ c.g.s.} \quad (12)$$

angehäuft.

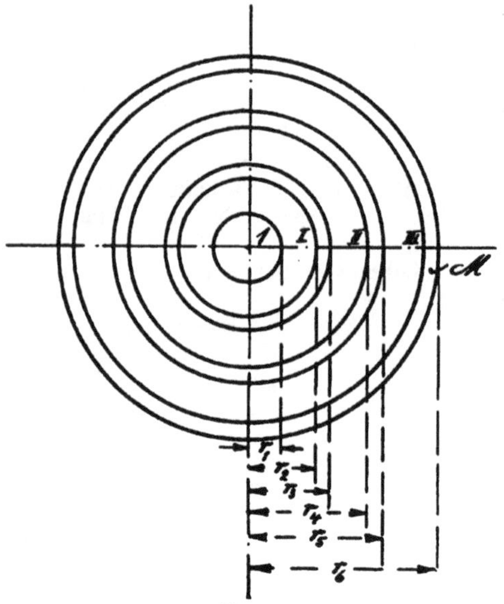

Fig. 25.

Auf der Außenfläche des Leiters (2) und der Innenfläche des Leiters (3) befinden sich pro Längeneinheit des Kabels die Ladungen

$$\left.\begin{aligned} \overset{a}{Q}_2 &= (V_2 - V_3) \cdot \frac{\delta_2}{2 \log \text{nat} \frac{r_4}{r_3}} = c_2 (V_2 - V_3); \text{ c. g. s.} \\ \overset{i}{Q}_2 &= -(V_2 - V_3) \cdot \frac{\delta_2}{2 \log \text{nat} \frac{r_4}{r_3}} = c_2 (V_3 - V_2); \text{ c. g. s.} \end{aligned}\right\} \quad (13)$$

δ_2 ist die Dielektrizitätskonstante des zwischen den Leitern (2) und (3) befindlichen Isolationsmaterials.

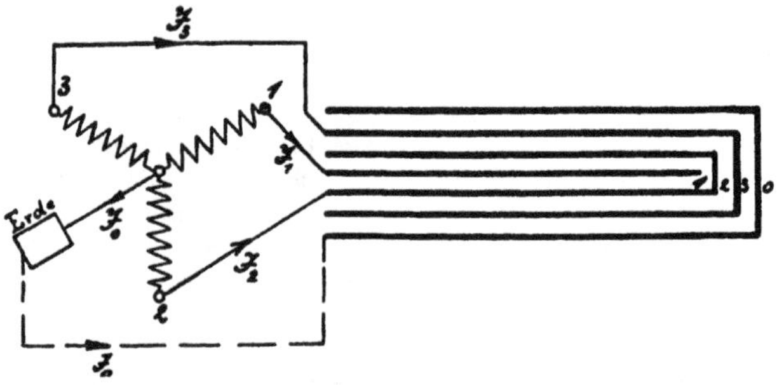

Fig. 26.

Auf der Außenfläche des Leiters (3) und der Innenfläche des Mantels befinden sich pro Längeneinheit des Kabels die Ladungen

$$\left.\begin{aligned} \overset{a}{Q}_3 &= (V_3 - V_0) \cdot \frac{\delta_3}{2 \log \text{nat} \frac{r_6}{r_5}} = c_3 (V_3 - V_0); \\ Q_0 &= -\overset{a}{Q}_3 = -(V_3 - V_0) \cdot \frac{\delta_3}{2 \log \text{nat} \frac{r_6}{r_5}} = c_3 (V_0 - V_3); \end{aligned}\right\} \quad (14)$$

δ_3 ist die Dielektrizitätskonstante des Isolationsmaterials zwischen dem Leiter (3) und dem Mantel.

Wir nehmen jetzt an, daß die Leiter (1), (2), (3), an die Klemmen eines Drehstromgenerators mit sinusförmiger Spannungskurve angeschlossen sind.

Die Statorwicklung sei in Stern geschaltet, der Verkettungspunkt sei geerdet. (Fig. 26).

Der zeitliche Verlauf der Spannungen der Leiter gegen Erde ist jetzt durch die Formeln

$$\left.\begin{aligned} V_{1t} &= E_m \sin(\omega t);\\ V_{2t} &= E_m \sin\left(\omega t + \frac{2\pi}{3}\right)\\ V_{3t} &= E_m \sin\left(\omega t + \frac{4\pi}{3}\right)\\ V_{0t} &= 0 \end{aligned}\right\} \quad . \; . \quad (15)$$

gegeben.

E_m ist der Maximalwert der Phasenspannung. Wir finden weiter

$$V_{1t} - V_{2t} = E_m \sqrt{3} \cdot \sin\left(\omega t - \frac{\pi}{6}\right);$$

$$V_{2t} - V_{3t} = E_m \sqrt{3} \cdot \sin\left(\omega t + \frac{\pi}{2}\right);$$

$$V_{3t} - V_{0t} = E_m \sin\left(\omega t + \frac{4\pi}{3}\right).$$

Die Ladungen pro Längeneinheit sind

$$Q_{1t} = c_1 \cdot E_m \sqrt{3} \sin\left(\omega t - \frac{\pi}{6}\right);$$

$$Q_{2t} = \overset{i}{Q}_{2t} + \overset{a}{Q}_{2t} = - c_1 \cdot E_m \sqrt{3} \cdot \sin\left(\omega t - \frac{\pi}{6}\right) + c_2 E_m \sqrt{3} \sin\left(\omega t + \frac{\pi}{2}\right).$$

$$Q_{3t} = \overset{i}{Q}_{3t} + \overset{a}{Q}_{3t} = - c_2 \cdot E_m \sqrt{3} \cdot \sin\left(\omega t + \frac{\pi}{2}\right) + c_3 \cdot E_m \sin\left(\omega t + \frac{4\pi}{3}\right)$$

$$Q_{0t} = - c_3 \cdot E_m \sin\left(\omega t + \frac{4\pi}{3}\right)$$

Die Ladeströme:

$$\left.\begin{aligned} J_{1t} &= 2\pi \sim \cdot E_m \cdot c_1 \sqrt{3} \cdot \cos\left(\omega t - \frac{\pi}{6}\right)\\ &= 2\pi \sim \cdot E_m c_1 \sqrt{3} \cdot \sin\left(\omega t + \frac{\pi}{3}\right)\\ J_{2t} &= 2\pi \sim \cdot E_m \left\{- c_1 \sqrt{3} \cdot \cos\left(\omega t - \frac{\pi}{6}\right) + c_2 \cdot \sqrt{3} \cdot \cos\left(\omega t + \frac{\pi}{2}\right)\right\}\\ &= 2\pi \sim E_m \left\{- c_1 \sqrt{3} \sin\left(\omega t + \frac{\pi}{3}\right) - c_2 \sqrt{3} \sin \omega t\right\}\\ J_{3t} &= 2\pi \sim \cdot E_m \left\{- c_2 \sqrt{3} \cdot \cos\left(\omega t + \frac{\pi}{2}\right) + c_3 \cdot \cos\left(\omega t + \frac{4\pi}{3}\right)\right\}\\ &= 2\pi \sim E_m \left\{c_2 \sqrt{3} \sin \omega t - c_3 \sin\left(\omega t + \frac{5\pi}{6}\right)\right\}\\ J_{0t} &= 2\pi \sim \cdot E_m \left\{- c_3 \cos\left(\omega t + \frac{4\pi}{3}\right)\right\}\\ &= 2\pi \sim E_m \cdot c_3 \sin\left(\omega t + \frac{5\pi}{6}\right) \end{aligned}\right\} \quad (16)$$

Diese Ladeströme sind von einander verschieden. Man kann deshalb von einer scheinbaren Kapazität eines konzentrischen Dreileiterkabels nicht sprechen.

Es ist leicht zu sehen, daß, wie erforderlich,

$$J_{0t} + J_{1t} + J_{2t} + J_{3t} = 0.$$

Die effektiven Werte der Ladeströme sind am einfachsten auf graphischem Wege zu ermitteln. (Fig. 27.)

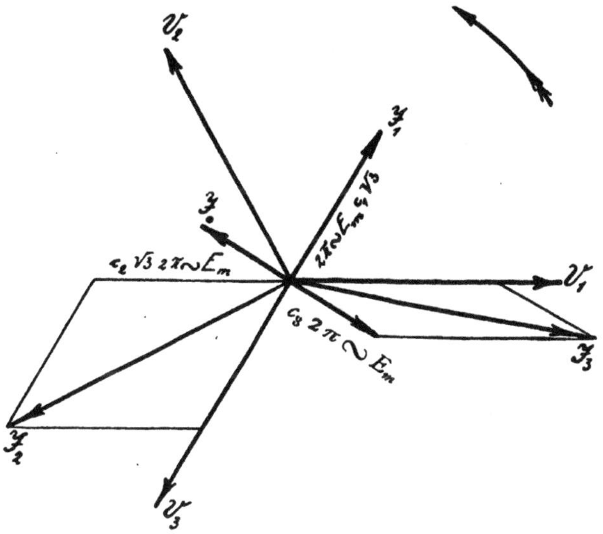

Fig. 27.

Die Winkel, die die Stromvektoren miteinander einschließen, sind von 120° und 240° im allgemeinen verschieden.

Wir nehmen nun zweitens an, daß die Statorwicklung isoliert ist. Dies bedeutet, daß

$$J_{0t} = 0.$$

Da aber aus den Formeln (16)

$$J_{1t} + J_{2t} + J_{3t} \gtrless 0$$

folgt, so kann der zeitliche Verlauf der Spannungen der Leiter gegen Erde den Gleichungen (15) nicht mehr genügen.

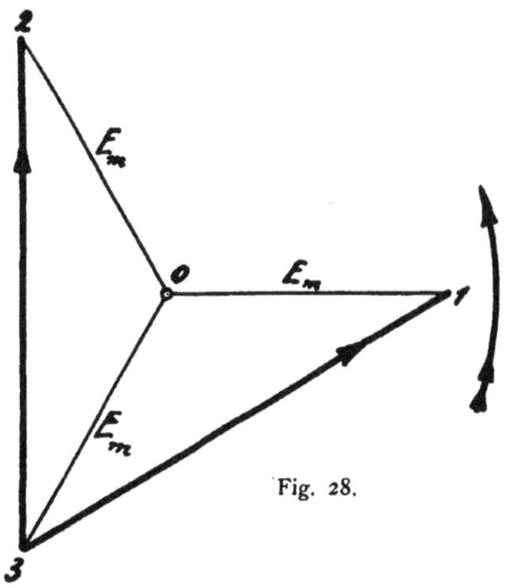

Fig. 28.

Der Verkettungspunkt des Systems hat nicht mehr die Spannung Null. Es ist vielmehr leicht zu sehen, daß diese Spannung der Leiter (3) besitzt. Er kann demgemäß geerdet werden, ohne daß die Ladungsverhältnisse des Kabels irgendwie dadurch beeinflußt werden.

Der zeitliche Verlauf der Spannungen der beiden anderen Leiter (1) und (3) gegen Erde läßt sich graphisch durch die Vektoren 31 und 32 (Fig. 28) darstellen. Wir finden so

$$\left.\begin{aligned} V_{1t} &= E_m \sqrt{3} \sin\left(\omega t + \frac{\pi}{6}\right) \\ V_{2t} &= E_m \sqrt{3} \sin\left(\omega t + \frac{\pi}{2}\right) \\ V_{1t} - V_{2t} &= E_m \sqrt{3} \sin\left(\omega t - \frac{\pi}{6}\right) \end{aligned}\right\} \quad . \; . \; . \; (17)$$

Die Ladungen sind

$$\left.\begin{aligned} Q_{1t} &= c_1 E_m \sqrt{3} \sin\left(\omega t - \frac{\pi}{6}\right) \\ Q_{2t} &= Q^i_{2t} + Q^a_{2t} = - c_1 \cdot E_m \sqrt{3} \sin\left(\omega t - \frac{\pi}{6}\right) \\ &\quad + c_2 \cdot E_m \sqrt{3} \cdot \sin\left(\omega t + \frac{\pi}{2}\right) \\ Q_{3t} &= Q^i_{3t} = - c_2 \cdot E_m \sqrt{3} \cdot \sin\left(\omega t + \frac{\pi}{2}\right) \\ Q^a_{3t} &= Q_{0t} = 0 \end{aligned}\right\} \quad (18)$$

Offenbar ist

$$Q_{1t} + Q_{2t} + Q_{3t} = 0,$$

folglich auch

$$J_{1t} + J_{2t} + J_{3t} = \frac{d}{dt}\left(Q_{1t} + Q_{2t} + Q_{3t}\right) = 0.$$

Die Ladeströme kann man, wie in dem zuerst betrachteten Fall, am einfachsten auf graphischem Wege bestimmen.

3. Einfachkabel.

Wir führen folgende Bezeichnungen ein:

r_1 sei der Halbmesser des Kabelleiters (Fig. 29),
r_2 » » innere Halbmesser des Bleimantels,
r_3 » » äußere » » »
r_4 » » innere » » Eisenmantels,
V » das Potential (Spannung gegen Erde) des Leiters,
V' » » » » » » » Bleimantels.

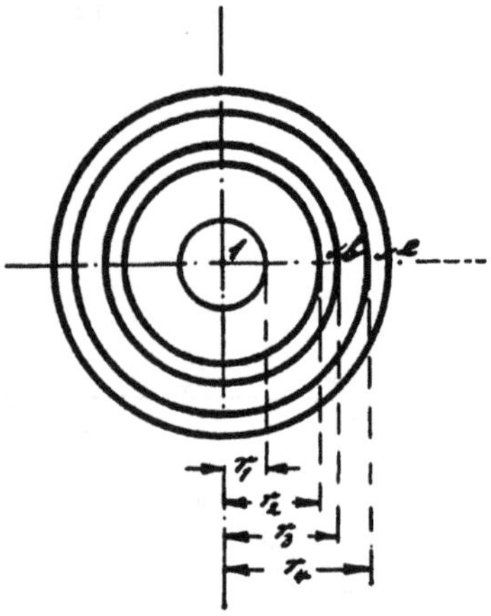

l = Kabelleiter, b = Bleimantel, e = Eisenmantel.

Fig. 29.

Ist der Bleimantel geerdet, so ist

$$V' = 0.$$

Den Eisenmantel nehmen wir stets als geerdet an.

Wir nehmen an, daß der Leiter p an die p-*te* Phase eines n-phasigen Generators mit sinusförmiger Spannungskurve angeschlossen ist. Der zeitliche Verlauf der Spannung V gegen Erde ist durch die Formel

$$V_t = E_m \sin\left(\omega t + \frac{2\pi(p-1)}{n}\right) \quad . \; . \; (19)$$

gegeben.

Ist der Bleimantel geerdet, so findet man den momentanen Wert der Ladung pro Längeneinheit des Kabels aus der Gleichung:

$$Q_t = c E_m \sin\left(\omega t + \frac{2\pi(p-1)}{n}\right) =$$

$$= \frac{\delta}{2 \log \operatorname{nat} \frac{r_2}{r_1}} \cdot E_m \cdot \sin\left(\omega t + \frac{2\pi(p-1)}{n}\right) \quad (20)$$

Der Ladestrom pro Längeneinheit des Kabels ist

$$J_t = \frac{\delta}{2 \log \operatorname{nat} \frac{r_2}{r_1}} \cdot 2\pi \sim \cdot E_m \cdot \cos\left(\omega t + \frac{2\pi(p-1)}{n}\right) \quad (21)$$

Die Kapazität pro Längeneinheit (1 cm) des Kabels in absoluten elektrostatischen Maßeinheiten ist

$$\gamma_0 = c = \frac{\delta}{2 \log \operatorname{nat} \frac{r_2}{r_1}} \text{ c. g. s.} \quad . \; . \; . \; . \; (22)$$

Diese Formel ist weiter nichts, als Kapazität pro Längeneinheit eines Zylinderkondensators. In technischen Einheiten ausgedrückt ist:

$$\gamma_0 = c = \frac{\delta}{2 \log \operatorname{nat} \frac{r_2}{r_1}} \cdot \frac{1}{3^2 \cdot (10^{10})^2} \cdot 10^9 \cdot 10^6 \cdot 10^5 \frac{Mi}{km} =$$

$$= \frac{\delta}{2 \log \operatorname{nat} \frac{r_2}{r_1}} \cdot \frac{1}{9} \frac{Mi}{km} \quad . \; . \; . \; . \; (22^{\text{bis}})$$

Ist der Bleimantel isoliert, mithin

$$V'_t = E_m' \sin\left(\omega t + \frac{2\pi(p-1)}{n}\right) \gtrless 0 \quad . \; . \; (23)$$

so bestimmt sich die Ladung des Innenleiters pro Längeneinheit aus der Formel

$$Q_t = c \cdot (E_m - E_m') \sin\left(\omega t + \frac{2\pi(p-1)}{n}\right) =$$

$$= \frac{\delta}{2 \log \operatorname{nat} \frac{r_2}{r_1}} \cdot (E_m - E_m') \sin\left(\omega t + \frac{2\pi(p-1)}{n}\right) \text{c. g. s.} \quad (24)$$

Die Ladungen auf der Innenfläche des Bleimantels, auf seiner Außenfläche und auf der Innenfläche des Eisenmantels pro Längeneinheit des Kabels sind entsprechend:

$$- Q_t, \quad + Q_t, \quad - Q_t.$$

Die beiden zuletzt genannten Flächen bilden die Belegungen eines Zylinderkondensators, dessen Kapazität pro Längeneinheit

$$c' = \frac{\delta'}{2 \log \operatorname{nat} \frac{r_4}{r_3}} \text{ c. g. s.} \quad . \; . \; . \; . \; (25)$$

beträgt, wenn δ' Dielektrizitätskonstante des zwischen den beiden Mänteln befindlichen Isolationsmaterials bedeutet.

Wir haben also die weitere Beziehung

$$Q_t = c' \cdot V_t' = \frac{\delta'}{2 \log \operatorname{nat} \frac{r_4}{r_3}} \cdot E_m' \sin\left(\omega t + \frac{2\pi(p-1)}{n}\right) \text{c. g. s.} \quad (26)$$

Aus (24) und (26) folgt

$$c\,(E_m - E_m') = c' \cdot E_m'$$

$$E_m' = \frac{c}{c+c'} \cdot E_m = \frac{\dfrac{\delta}{2 \log \operatorname{nat} \frac{r_2}{r_1}}}{\dfrac{\delta}{2 \log \operatorname{nat} \frac{r_2}{r_1}} + \dfrac{\delta'}{2 \log \operatorname{nat} \frac{r_4}{r_3}}} \cdot E_m$$

$$E_m - E_m' = \frac{c'}{c+c'} \cdot E_m;$$

$$Q_t = \frac{c\,c'}{c+c'}\,E_m \cdot \sin\left(\omega t + \frac{2\pi(p-1)}{n}\right) \text{c. g. s.} \quad (27)$$

Die scheinbare Kapazität des Kabels ist jetzt, wenn wir $\delta = \delta'$ setzen:

$$\gamma_0 = \frac{c\,c'}{c+c'} = \delta\,\frac{\dfrac{1}{2 \log \operatorname{nat} \frac{r_2}{r_1}} \cdot \dfrac{1}{2 \log \operatorname{nat} \frac{r_4}{r_3}}}{\dfrac{1}{2 \log \operatorname{nat} \frac{r_2}{r_1}} + \dfrac{1}{2 \log \operatorname{nat} \frac{r_4}{r_3}}}$$

oder

$$\gamma_0 = \delta\,\frac{1}{2 \log \operatorname{nat} \frac{r_2}{r_1} + 2 \log \operatorname{nat} \frac{r_4}{r_3}} \text{ c. g. s.} \quad . \quad (28)$$

Die »scheinbare Kapazität« eines Einfachkabels pro Längeneinheit wird kleiner, wenn man den Bleimantel isoliert.

Kapitel III.

Die Vorausberechnung der Kapazitätskonstanten der Kabel.

1. Hilfssätze aus der Elektrizitätslehre. Allgemeine Formeln.

Wir haben im ersten Kapitel dieser Arbeit ein allgemeines n-Leiterkabel betrachtet und haben gezeigt, daß seine Kapazitätseigenschaften durch die Angabe von $\frac{n(n+1)}{2}$ Konstanten, welche Zahl sich bei vollkommener Symmetrie der Anordnung auf $\frac{n+2}{2}$ oder $\frac{n+1}{2}$ reduziert, eindeutig bestimmt sind. Sind die im Kapitel I, Abschnitt 4, gestellten Bedingungen sämtlich erfüllt, so kann das Kabel für die Rechnung durch einen Kondensator ersetzt werden. Die Kapazität jenes Kondensators, die »scheinbare Kapazität des Kabels«, kann auf experimentellem Wege leicht ermittelt werden (Kap. 1, Abschn. 4). Desgleichen kann man die Konstanten γ_{pq} etwa durch Messungen mit ballistischem Galvanometer bestimmen.

Die rechnerische Bestimmung der Verteilung der Elektrizität in Leitern, oder die Bestimmung des elektrischen Feldes gehört zu den schwierigsten Aufgaben der Elektrostatik und der mathematischen Physik überhaupt. Sie ist nur in wenigen Fällen bis jetzt gelungen. Ist die Zahl der im Felde befindlichen Leiter größer als zwei, so ist das Problem mit den heutigen Hilfsmitteln der Mathematik überhaupt unlösbar. Angesichts der großen Wichtigkeit solcher Berechnungen für die Theorie der Kabel bleibt nichts anderes übrig, als sich mit brauchbaren Annäherungsformeln zu begnügen. Solche Annäherungsformeln für die Konstanten α_{pq} und γ_{pq} zu entwickeln, soll der Gegenstand dieses Kapitels sein.

Im vorliegenden Falle würden übrigens strenge Berechnungen wenig Zweck haben. Wären die Kabelisoliermittel vollkommen homogen, so hätten wir die Ausdrücke für die Ladungen, welche für die Luft als Dielektrikum gelten, mit der Dielektrizitätskonstante der Kabelisolation zu multiplizieren. Tatsächlich besteht jedoch die Kabelisolation meistens aus einzelnen mehr oder weniger unregelmäßig verteilten Schichten, deren dielektrische Eigenschaften nicht gleich sind. Dieser Umstand bringt natürlich eine Unsicherheit in der Annahme der Dielektrizitätskonstante mit sich. Selbst strenge Formeln müßten also, auf ziffernmäßig gegebene Probleme angewendet, nur zu angenähert richtigen Resultaten führen.

Bevor wir auf unser eigentliches Thema übergehen, müssen wir einige Hilfssätze, die wir im folgenden gebrauchen werden, entwickeln.

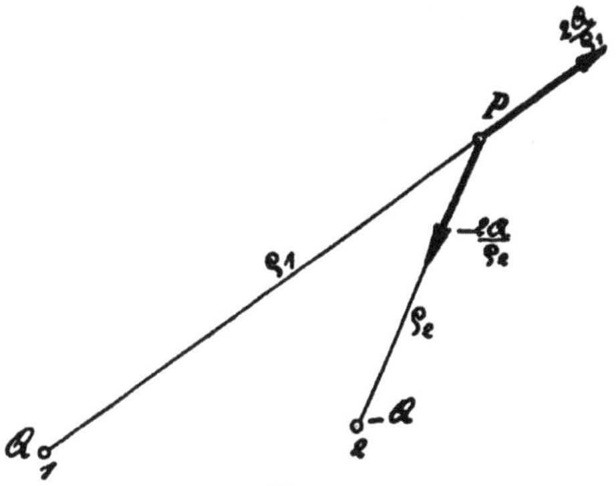

Fig. 30.

1. Ist ein unendlich langer linearer Leiter, dessen Ladung pro Längeneinheit Q ist, gegeben, so ist das elektrische Feld in der Entfernung r von dem Leiter gleich

$$\frac{2\,Q}{r} \text{ (c. g. s.)}$$

Dieses Feld ist offenbar nummerisch gleich dem magnetischen Felde des Stromes J in einem geradlinigen Leiter, wenn $J = Q$. Diesen Satz setzen wir als bekannt voraus.

2. Betrachten wir weiter zwei parallele unendlich lange lineare Leiter, deren Ladungen pro Längeneinheit Q und $-Q$ sind (Fig. 30). In einem Punkte, dessen Entfernungen von den Leitern ϱ_1 und ϱ_2 betragen, ist das Potential gleich

$$V = 2\,Q \log \operatorname{nat} \frac{\varrho_2}{\varrho_1} \text{ (c. g. s.)}$$

Um diesen Satz zu beweisen, genügt es zu zeigen, daß das Potential in unendlicher Entfernung von den Leitern verschwindet, und daß die Komponente der Feldstärke in irgend einer Richtung dem mit entgegengesetztem Vorzeichen genommenen Differentialquotient des Potentials in eben dieser Richtung gleich ist. Rückt P ins Unendliche, so wird

$$\varrho_1 = \varrho_2, \quad V = 0.$$

Die Komponente der Feldstärke in Richtung von 1 P und 2 P ist nach dem vorstehenden gleich

$$\frac{2\,Q}{\varrho_1} \text{ bzw. } -\frac{2\,Q}{\varrho_2}.$$

Tatsächlich ist nun

$$-\frac{\partial V}{\partial \varrho_1} = -2\,Q\,\frac{\frac{\partial}{\partial \varrho_1}\left(\frac{\varrho_2}{\varrho_1}\right)}{\frac{\varrho_2}{\varrho_1}} = -2\,Q\,\frac{-\frac{\varrho_2}{\varrho_1^2}}{\frac{\varrho_2}{\varrho_1}} = 2\,Q\cdot\frac{1}{\varrho_1}$$

$$-\frac{\partial V}{\partial \varrho_2} = -2\,Q\,\frac{\frac{\partial}{\partial \varrho_2}\left(\frac{\varrho_2}{\varrho_1}\right)}{\frac{\varrho_2}{\varrho_1}} = -2\,Q\,\frac{\frac{1}{\varrho_1}}{\frac{\varrho_2}{\varrho_1}} = -2\,Q\cdot\frac{1}{\varrho_2}.$$

Der folgende Satz ist von Lord Kelvin aufgestellt und von ihm mit dem Namen »Prinzip der elektrischen Bilder« belegt worden.

3. Ist eine unendliche leitende Ebene S, deren Potential gleich Null ist (Erde), gegeben, und befindet sich im Punkte A (Fig. 31) eine elektrische Masse Q, so ist das elektrische Feld in derjenigen Hälfte des gesamten Raumes, die sich oberhalb der Ebene befindet, genau ebenso groß, als ob anstatt der Ladung der Ebene S sich eine Elektrizitätsmenge — Q im Punkte A' befände, dessen Entfernung von S dieselbe ist wie die des Punktes A; die Masse — Q im Punkte A' hat also auf die Gestaltung des elektrischen Feldes genau denselben Einfluß wie die Ebene S. Die elektrische Masse in A' bildet das »elektrische Bild« der Masse Q.

Das elektrische Potential im Punkte C, dessen Entfernungen von den Punkten A und A' .... r und r' betragen, ist gleich

$$V = Q\left(\frac{1}{r} - \frac{1}{r'}\right) \text{ (c. g. s.)}$$

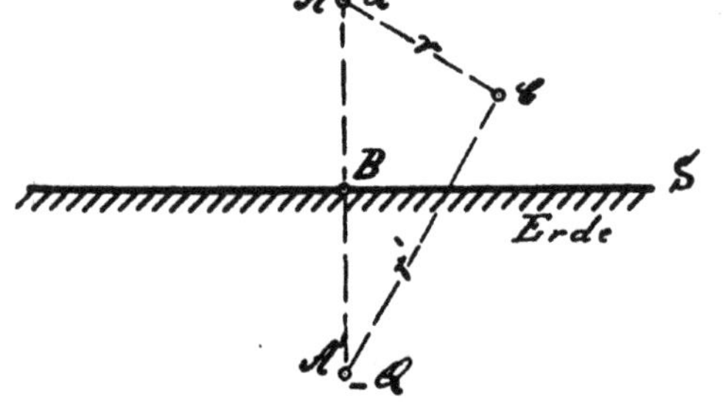

Fig. 31.

4. Ist eine unendliche leitende Ebene S, deren Potential gleich Null ist (Erde), gegeben, und ist A eine zu S parallele Gerade, die mit der Elektrizitätsmenge Q pro Längeneinheit geladen ist, (Fig. 31), so ist das elektrische Feld in derjenigen Hälfte des gesamten Raumes, die sich oberhalb der Ebene befindet, genau ebenso groß, als ob anstatt der Ebene S sich in A' eine andere zu der ersten parallele Gerade befände. Diese Gerade ist mit der Elektrizitätsmenge — Q pro Längeneinheit geladen. Die beiden Geraden sind von der Ebene gleich weit entfernt. $AB = A'B$. Gerade A' ist das »elektrische Bild« der Geraden A. Das elektrische Potential im Punkte C, dessen Entfernungen von den beiden Geraden r und r' betragen, ist nach (1) gleich

$$V = 2\,Q \log \text{nat} \frac{r'}{r}; \text{ c. g. s.} \quad . \quad . \quad . \quad (2)$$

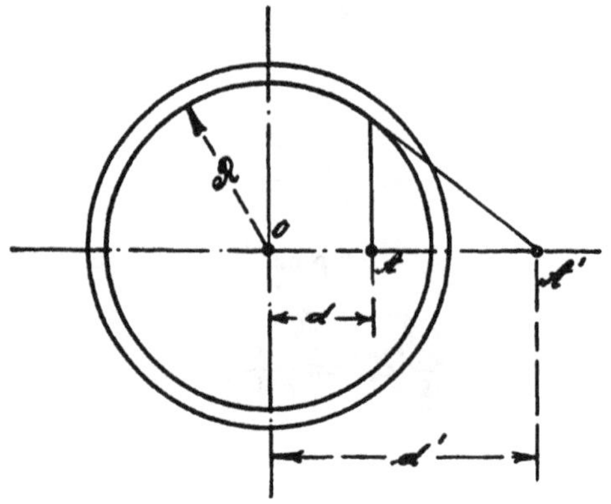

Fig. 32.

5. Ist ein unendlich langer leitender Hohlzylinder (Fig. 32), dessen Potential gleich V_0 ist, gegeben, und ist A eine unendlich lange Gerade, die mit der Elektrizitätsmenge Q (c. g. s.) pro Längeneinheit geladen ist, so ist das elektrische Feld im Innern des Zylinders genau ebenso groß, als ob sich anstatt der Ladung der Innenfläche des Zylinders in A' eine andere der ersten parallele Gerade befände. Diese fiktive Gerade ist mit der Elektrizitätsmenge — Q pro Längeneinheit geladen.

A und A' sind konjugierte Punkte in bezug auf den Kreis M.

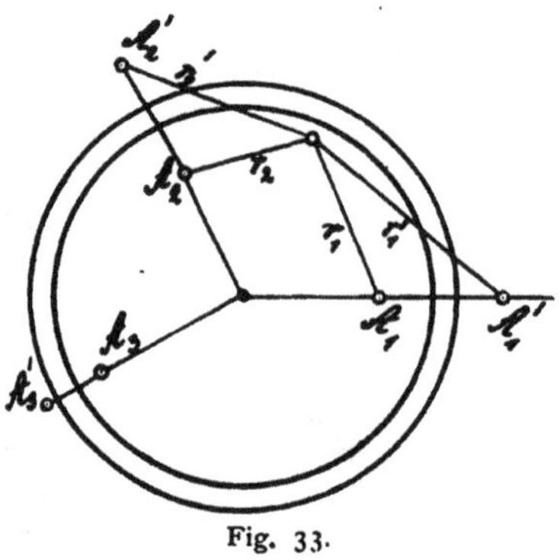

Fig. 33.

Das Potential des Mantels ist

$$V_0 = 2\,Q \log \text{nat} \frac{R}{d};$$

$$dd' = R^2;$$

Die Sätze 3, 4, 5 gelten noch, wenn nicht eine, sondern mehrere parallele geladene Geraden A_1, A_2, A_3 gegeben sind.

Zu jeder Geraden A_p gehört dann ein elektrisches Bild A'_p. (Fig. 33.)

Das elektrische Potential in einem Punkte, dessen Entfernungen von den Leitern A_1, A_2, A_3 .. A'_1, A'_2, A'_3 .. r_1, r_2, r_3 ... r'_1, r'_2, r'_3 betragen, ist nach (2) gleich

$$V = 2\,Q_1 \log \text{nat} \frac{r'_1}{r_1} + 2\,Q_2 \log \text{nat} \frac{r'_2}{r_2}$$

$$+ 2\,Q_3 \log \text{nat} \frac{r'_3}{r_3} + \ldots \text{ c. g. s.} \quad . \quad . \quad (3)$$

Q_1, Q_2, Q_3 . . sind Ladungen pro Längeneinheit der Geraden A_1, A_2, A_3.

Das Potential des Mantels ist dabei

$$V_0 = 2\,Q_1 \log\text{nat}\,\frac{R}{d_1} + 2\,Q_2 \log\text{nat}\,\frac{R}{d_2} + \ldots$$

Die Sätze 3, 4, 5 gelten angenähert, wenn A_1, A_2, A_3 . . nicht mehr geladene Geraden, sondern zylindrische Leiter, deren Durchmesser klein gegenüber den Entfernungen von der Mantelachse und dem Durchmesser des Mantels sind. Q_p ist die Ladung pro Längeneinheit des Leiters p, V_p sein Potential, beide Größen im absoluten elektrostatischen Maßsystem ausgedrückt.

Die vorstehenden Sätze genügen zur Ableitung der angenäherten Ausdrücke für die Konstanten γ_{pq}.

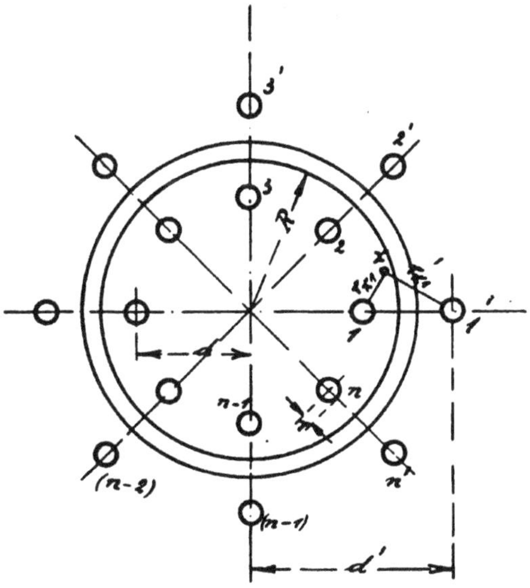

Fig. 34.

Betrachten wir ein n-Leiterkabel (Fig. 34) und nehmen der Einfachheit wegen an, daß die Leiterachsen die Kanten eines regulären Prismenkörpers bilden.

Wir bezeichnen:

den inneren Halbmesser des Mantels mit R (cm),
die Halbmesser der Kabelleiter mit r (cm),
die Entfernungen der Leiterachsen von der Achse des Kabels mit d (cm),
die Potentiale der Leiter bezeichnen wir wie früher mit $V_1, V_2 \ldots V_n$,
ihre Ladungen pro Längeneinheit mit $Q_1, Q_2 \ldots Q_n$.

Nach den Sätzen (4) und (5) ist das elektrische Feld im Innern des Kabelquerschnitts so beschaffen, als ob sich anstatt des Mantels an geeigneten Stellen Leiter $1', 2' \ldots n'$ befänden. Diese Leiter haben denselben Durchmesser wie die Kabelleiter und sind mit Elektrizitätsmengen $-Q_1, -Q_2 \ldots -Q_n$ pro Längeneinheit geladen. Die Achsen von je 2 Leitern 1 und 1', 2 und 2' usw. und die Kabelachse liegen in einer Ebene. Die Entfernungen d und d', sind durch die Relation

$$dd' = R^2$$

verbunden.

Die Entfernungen der Leiter p und q bezeichnen wir mit $r_{p,q}$, die der Leiter p und q' mit $r_{p,q'}$.

Nach dem Satze 5 ist das Potential im Punkte X, dessen Entfernungen von den Leitern q und q' wir mit r_{xq} und r'_{xq} bezeichnen, gleich

$$V_x = 2\,Q_1 \log\text{nat}\,\frac{r'_{x1}}{r_{x1}} + 2\,Q_2 \log\text{nat}\,\frac{r'_{x2}}{r_{x2}} + \ldots$$
$$\ldots + 2\,Q_n \log\text{nat}\,\frac{r'_{xn}}{r_{xn}}; \quad . \quad . \quad . \quad (4)$$

Liegt Punkt x auf der Innenfläche des Kabelmantels, so ist

$$\frac{r'_{x1}}{r_{x1}} = \frac{r'_{x2}}{r_{x2}} = \ldots = \frac{r'_{xn}}{r_{xn}} = \frac{P'_1}{P_1} = \frac{d'-R}{R-d} = \frac{\frac{R^2}{d}-R}{R-d} = \frac{R}{d};$$

$$V_0 = 2\left[Q_1 + Q_2 + \ldots + Q_n\right] \log\text{nat}\,\frac{R}{d} \quad . \quad (5)$$

Alle Punkte des Kabelmantels haben dasselbe Potential V_0. Dies war natürlich zu erwarten, da andernfalls elektrisches Gleichgewicht nicht möglich wäre.

Nehmen wir jetzt an, daß Punkt x sich auf der Achse des Leiters (1) befindet.

Wir finden

$$\log\text{nat}\,\frac{r_{x1}'}{r_{x1}} = \log\text{nat}\,\frac{11'}{0} = \infty.$$

In diesem Falle darf man offenbar den Leiter (1) durch eine geladene Gerade in 1 nicht mehr ersetzen. Wir stellen uns vielmehr vor, daß die Ladung Q_1 in einer Geraden auf der Peripherie des Leiters (1) konzentriert sei. Jetzt wird $x1 = r$ und

$$\log\text{nat}\,\frac{r_{x1}'}{r_{x1}} = \log\text{nat}\,\frac{11'}{r} = \log\text{nat}\,\frac{d'-d}{r} = \log\text{nat}\,\frac{R^2-d^2}{rd}$$

$$\left.\begin{aligned} V_1 &= 2\,Q_1 \log\text{nat}\,\frac{R^2-d^2}{rd} + 2\,Q_2 \log\text{nat}\,\frac{12'}{12} \\ &\quad + 2\,Q_3 \log\text{nat}\,\frac{13'}{13} + \ldots + 2\,Q_n \log\text{nat}\,\frac{1n'}{1n}; \\ V_2 &= 2\,Q_1 \log\text{nat}\,\frac{21'}{21} + 2\,Q_2 \log\text{nat}\,\frac{R^2-d^2}{rd} \\ &\quad + 2\,Q_3 \log\text{nat}\,\frac{23'}{23} + \ldots + 2\,Q_n \log\text{nat}\,\frac{2n'}{2n} \end{aligned}\right\} \quad . \quad (6)$$

usw.

Das Potential des Mantels haben wir bereits zu

$$V_0 = 2\,(Q_1 + Q_2 + \ldots + Q_n) \log\text{nat}\,\frac{R}{d}$$

berechnet.

Denken wir uns, daß wir dem Mantel irgend eine Ladung mitgeteilt haben. Diese Ladung verteilt sich auf der äußeren Oberfläche des Mantels so, als ob im Innern keine Leiter vorhanden wären, d. h. lediglich beeinflußt durch die Form der äußeren Oberfläche und die Lage und Gestalt der benachbarten Leiter. Ist das Potential, das diese neue Ladung auf dem Mantel hervorruft, gleich V, so addiert sich dieses zu den ursprünglichen Werten des Potentials des Mantels und sämtlicher eingeschlossener Leiter. Wählen wir die zusätzliche Ladung so, daß $V = -V_0$ wird, so wird das Potential des Mantels gleich Null und die Potentiale der eingeschlossenen Leiter gleich

$$\left.\begin{aligned} V_1 &= 2\,Q_1 \log\text{nat}\,\frac{R^2-d^2}{rd} - 2\,Q_1 \log\text{nat}\,\frac{R}{d} \\ &\quad + 2\,Q_2 \log\text{nat}\,\frac{12'}{12} - 2\,Q_2 \log\text{nat}\,\frac{R}{d} + \ldots \\ &= 2\,Q_1 \log\text{nat}\,\frac{R^2-d^2}{Rr} + 2\,Q_2 \log\text{nat}\,\frac{12'}{12}\,\frac{d}{R} \\ &\quad + 2\,Q_3 \log\text{nat}\,\frac{13'}{13}\,\frac{d}{R} + \ldots + 2\,Q_n \log\text{nat}\,\frac{1n'}{1n}\cdot\frac{d}{R} \end{aligned}\right\} \quad . \quad (7)$$

Wir finden ebenso

$$\left.\begin{aligned} V_2 &= 2\,Q_1 \log \text{nat} \frac{21'}{21} \cdot \frac{d}{R} + 2\,Q_2 \log \text{nat} \frac{R^2 - d^2}{Rr} \\ &+ 2\,Q_3 \log \text{nat} \frac{23'}{23} \frac{d}{R} + \ldots + 2\,Q_n \log \text{nat} \frac{2n'}{2n} \cdot \frac{d}{R} \end{aligned}\right\} \quad (7)$$

Vergleichen wir diese Formeln mit den allgemeinen Formeln (9) des Kapitels I, so finden wir, daß in dem von uns betrachteten Spezialfalle

$$\left.\begin{aligned} &\alpha_{11} = 2 \log \text{nat} \frac{R^2 - d^2}{rR} = \alpha_{22} = \alpha_{33} = \ldots . \alpha_{nn}; \\ &\alpha_{12} = \alpha_{21} = \alpha_{23} = \alpha_{32} = \ldots . = \alpha_{n-1n} \\ &\qquad = \alpha_{nn-1} = 2 \log \text{nat} \left\{\frac{12'}{12} \cdot \frac{d}{R}\right\}; \\ &\alpha_{13} = \alpha_{31} = \alpha_{24} = \alpha_{42} = \ldots . = \alpha_{n-2n} \\ &\qquad = \alpha_{nn-2} = 2 \log \text{nat} \left\{\frac{13'}{13} \cdot \frac{d}{R}\right\}; \\ &- - - - - - - - - - - - - - \\ &\alpha_{1p} = \alpha_{2p+1} = \ldots . = 2 \log \text{nat} \left\{\frac{1p'}{1p} \cdot \frac{d}{R}\right\}; \end{aligned}\right\} \quad (8)$$

Die Zahl der von einander unabhängigen Konstanten α ist, wie wir im Kapitel I Abschnitt 4 bereits gesehen haben, gleich

$$\frac{n+2}{2} \text{ für gerade } n,$$

$$\frac{n+1}{2} \text{ für ungerade } n.$$

Es macht keine weiteren Schwierigkeiten die einzelnen Entfernungen 12′, 13′ etc. auszurechnen.

Aus den Dreiecken 102, 103, ... 102′, 103′ mit bekannten Winkeln erhalten wir leicht

$$\left.\begin{aligned} 12 &= 2\,d \sin\left(\frac{1}{2} \cdot \frac{2\pi}{n}\right); \\ 13 &= 2\,d \sin\left(\frac{2}{2} \cdot \frac{2\pi}{n}\right); \\ 14 &= 2\,d \sin\left(\frac{3}{2} \cdot \frac{2\pi}{n}\right); \\ &- - - - - - - - \\ 1n &= 2\,d \sin\left(\frac{n-1}{2} \cdot \frac{2\pi}{n}\right). \end{aligned}\right\} \quad . \; . \quad (9)$$

$$\left.\begin{aligned} 12' &= \sqrt{d^2 + d'^2 - 2\,d\,d' \cos\frac{2\pi}{n}} \\ &= \frac{1}{d}\sqrt{d^4 + R^4 - 2\,d^2 R^2 \cos\left(\frac{2\pi}{n}\right)}; \\ 13' &= \frac{1}{d}\sqrt{d^4 + R^4 - 2\,d^2 R^2 \cos\left(2 \cdot \frac{2\pi}{n}\right)} \\ 1n' &= \frac{1}{d}\sqrt{d^4 + R^4 - 2\,d^2 R^2 \cos\left[(n-1)\frac{2\pi}{n}\right]}; \end{aligned}\right\} \quad (10)$$

Setzen wir diese Werte in die Gleichungen (8) ein, so erhalten wir die Werte für α_{12}, α_{13}, etc. α_{1n}.

Lösen wir die linearen Gleichungen (9) des Kapitels I nach den Unbekannten Q_1, Q_2, . . . Q_n auf, so erhalten wir die neuen Gleichungen

$$\left.\begin{aligned} Q_1 &= \gamma_{11} V_1 + \gamma_{12} V_2 + \gamma_{13} V_3 + \ldots + \gamma_{1n} V_n; \\ Q_2 &= \gamma_{21} V_1 + \gamma_{22} V_2 + \gamma_{23} V_3 + \ldots + \gamma_{2n} V_n; \\ Q_3 &= \gamma_{31} V_1 + \gamma_{32} V_2 + \gamma_{33} V_3 + \ldots + \gamma_{3n} V_n; \\ &- - - - - - - - - - - - - - \\ Q_n &= \gamma_{n1} V_1 + \gamma_{n2} V_2 + \gamma_{n3} V_3 + \ldots + \gamma_{nn} V_n; \end{aligned}\right\} \quad (11)$$

$$\gamma_{11} = \gamma_{22} = \ldots . = \gamma_{nn}$$

$$\gamma_{12} = \gamma_{21} = \ldots . = \gamma_{n-1n} = \gamma_{nn-1} \text{ etc.}$$

Wir wollen diese Rechnung im allgemeinen Falle eines n-Leiterkabels nicht ausführen. Sie führt zu komplizierten Formeln, bietet aber keine prinzipiellen Schwierigkeiten. Es empfiehlt sich, in jedem besonderen Falle in die Formeln (8, 9, 10) die Zahlenwerte für d, R, r einzusetzen und die so erhaltenen linearen Zahlengleichungen aufzulösen. Ist das Potential des Mantels nicht 0, sondern V_0, so gehen die Gleichungen (11) in folgende über:

$$\left.\begin{aligned} &Q_1 = \gamma_{11}(V_1 - V_0) + \gamma_{12}(V_2 - V_0) + \ldots + \gamma_{1n}(V_n - V_0) \\ &- - - - - - - - - - - - - - \end{aligned}\right\} \quad (12)$$

Dieser Fall tritt bei armierten Bleikabeln jedesmal dann ein, wenn der Eisenmantel geerdet, der Bleimantel aber isoliert ist (vgl. Kapitel III Abschnitt 3).

2. Zweileiterkabel.
Berechnung der Konstanten α_{pq} und γ_{pq}.

Wir gehen jetzt zur Betrachtung eines Zweileiterkabels (Fig. 35) über. 1 und 2 sind die beiden Leiter, 1′ und 2′ ihre elektrischen Bilder. Wie wir wissen, ist

$$d' \cdot d = R^2.$$

Wir wiederholen die Überlegungen, durch die wir zu den Gleichungen (6) gekommen sind.

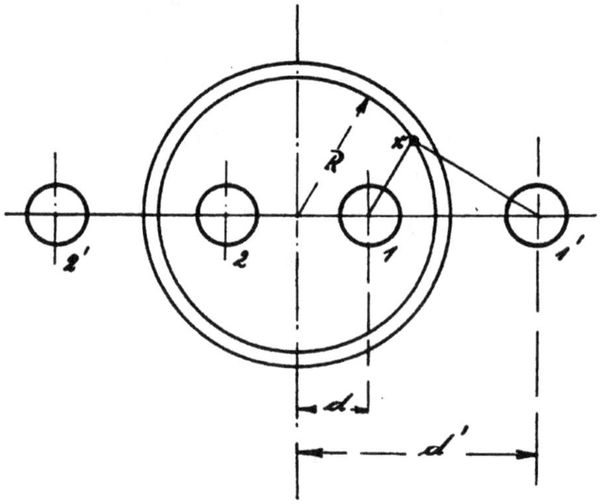

Fig. 35.

Die Ladungen der Leiter 1, 2, 1′, 2′ pro Längeneinheit sind Q_1, Q_2, $-Q_1$, $-Q_2$. Das Potential des Leiters (1) ist

$$V_1 = 2\,Q_1 \log \text{nat} \frac{d' - d}{r} + 2\,Q_2 \log \text{nat} \frac{12'}{12}$$

oder

$$\left.\begin{aligned} V_1 &= 2\,Q_1 \log \text{nat} \frac{R^2 - d^2}{d\,r} + 2\,Q_2 \log \text{nat} \frac{d + d'}{2\,d} \\ &= 2\,Q_1 \log \text{nat} \frac{R^2 - d^2}{d\,r} + 2\,Q_2 \log \text{nat} \frac{d^2 + R^2}{2\,d^2} \end{aligned}\right\} \quad (12)$$

Das Potential des Mantels ist aber

$$\begin{aligned} V_0 &= 2\,Q_1 \log \text{nat} \frac{x1'}{x1} + 2\,Q_2 \log \text{nat} \frac{x2'}{x2} \\ &= 2\,Q_1 \log \text{nat} \frac{d' - R}{R - d} + 2\,Q_2 \log \text{nat} \frac{R + d'}{R + d} \end{aligned}$$

oder

$$V_0 = 2\,Q_1 \log \text{nat} \frac{R}{d} + 2\,Q_2 \log \text{nat} \frac{R}{d} = 2\,(Q_1 + Q_2) \cdot \log \text{nat} \frac{R}{d} \quad . \; . \; . \; . \; . \; . \quad (13)$$

Ist der Mantel geerdet, o wird das Potential des Leiters (1) gleich

$$\left.\begin{aligned} V_1 &= 2\,Q_1 \log\text{nat} \frac{R^2-d^2}{d\,r} + 2\,Q_2 \log\text{nat} \frac{d^2+R^2}{2\,d^2} \\ &\quad - 2\,Q_1 \log\text{nat} \frac{R}{d} - 2\,Q_2 \log\text{nat} \frac{R}{d} \\ &= 2\,Q_1 \log\text{nat} \frac{R^2-d^2}{r\,R} + 2\,Q_2 \log\text{nat} \frac{d^2+R^2}{2\,d\,R} \end{aligned}\right\} \quad (14)$$

Und analog

$$V_2 = 2\,Q_1 \log\text{nat} \frac{d^2+R^2}{2\,d\,R} + 2\,Q_2 \log\text{nat} \frac{R^2-d^2}{R\,r} \quad (15)$$

Vergleichen wir diese Formeln mit den Formeln (9), Kap. I, so finden wir, daß für Zweileiterkabel

$$\left.\begin{aligned} \alpha_{11} = \alpha_{22} &= 2 \log\text{nat} \frac{R^2-d^2}{R\,r} \\ \alpha_{12} = \alpha_{21} &= 2 \log\text{nat} \frac{d^2+R^2}{2\,d\,R} \end{aligned}\right\} \quad . \quad . \quad (16)$$

zu setzen ist.

Wie aus Fig. 35 zu ersehen, ist

$$R - d > o$$

$$(R-d)^2 = R^2 + d^2 - 2\,d\,R > 0,$$

$$\frac{R^2+d^2}{2\,d\,R} > 1;$$

$$\alpha_{12} = \alpha_{21} > 0.$$

Andrerseits ist

$$r < R - d,$$

folglich

$$\frac{R^2-d^2}{R\,r} > \frac{R^2-d^2}{R\,(R-d)} = \frac{R+d}{R}$$

$$\frac{R^2-d^2}{R\,r} > 1 + \frac{d}{R}$$

$$\log\text{nat} \left(\frac{R^2-d^2}{R\,r}\right) > 0;$$

$$\alpha_{11} = \alpha_{22} > 0.$$

Die Konstanten α sind alle positiv. Lösen wir die Gleichungen

$$\left.\begin{aligned} V_1 &= \alpha_{11}\,Q_1 + \alpha_{12}\,Q_2 \\ V_2 &= \alpha_{12}\,Q_1 + \alpha_{11}\,Q_2 \end{aligned}\right\} \quad . \quad . \quad . \quad (17)$$

nach Q_1 und Q_2 auf, so finden wir

$$\left.\begin{aligned} Q_1 &= \frac{\begin{vmatrix} V_1 & \alpha_{12} \\ V_2 & \alpha_{11} \end{vmatrix}}{\begin{vmatrix} \alpha_{11} & \alpha_{12} \\ \alpha_{12} & \alpha_{11} \end{vmatrix}} = \frac{\alpha_{11}\,V_1 - \alpha_{12}\,V_2}{\alpha_{11}^2 - \alpha_{12}^2} = \frac{\alpha_{11}}{\alpha_{11}^2 - \alpha_{12}^2}\,V_1 \\ &\quad - \frac{\alpha_{12}}{\alpha_{11}^2 - \alpha_{12}^2}\,V_2; \\ Q_2 &= \frac{\begin{vmatrix} \alpha_{11} & V_1 \\ \alpha_{12} & V_2 \end{vmatrix}}{\begin{vmatrix} \alpha_{11} & \alpha_{12} \\ \alpha_{12} & \alpha_{11} \end{vmatrix}} = \frac{-\alpha_{12}\,V_1 + \alpha_{11}\,V_2}{\alpha_{11}^2 - \alpha_{12}^2} = \frac{-\alpha_{12}}{\alpha_{11}^2 - \alpha_{12}^2}\,V_1 \\ &\quad + \frac{\alpha_{11}}{\alpha_{11}^2 - \alpha_{12}^2}\,V_2. \end{aligned}\right\} \quad (18)$$

Vergleichen wir diese Gleichungen mit den Gleichungen (10) Kap. I, so finden wir

$$\gamma_{11} = \frac{\alpha_{11}}{\alpha_{11}^2 - \alpha_{12}^2} = \gamma_{22}\,.$$

$$\gamma_{12} = -\frac{\alpha_{12}}{\alpha_{11}^2 - \alpha_{12}^2} = \gamma_{21};$$

Mit den Werten (16) für α_{11} und α_{12} erhält man jetzt

$$\left.\begin{aligned} \gamma_{11} &= \frac{\log\text{nat}\left(\frac{R^2-d^2}{R\,r}\right)}{2\left[\left(\log\text{nat}\frac{R^2-d^2}{R\,r}\right)^2 - \left(\log\text{nat}\frac{d^2+R^2}{2\,d\,R}\right)^2\right]}; \\ \gamma_{12} &= -\frac{\log\text{nat}\frac{d^2+R^2}{2\,d\,R}}{2\left[\left(\log\text{nat}\frac{R^2-d^2}{R\,r}\right)^2 - \left(\log\text{nat}\frac{d^2+R^2}{2\,d\,R}\right)^2\right]} \end{aligned}\right\} (19)$$

Die Konstanten α_{pq} und γ_{pq} in den Formeln (16) und (19) dieses Kapitels beziehen sich stets auf ein Kabel von der Länge eins. In Kapitel I haben wir die Kabellänge gleich l cm angegeben. Daher geben diese Konstanten, in die Formeln des ersten Kapitels eingeführt, sofort die »scheinbare Kapazität« pro Längeneinheit γ_0.

Nachdem wir so die Konstanten γ_{11}, γ_{12} bestimmt haben, gehen wir jetzt zur Betrachtung der verschiedenen im Kapitel I entwickelten Spezialfälle über.

3. Scheinbare Kapazität eines Zweileiterkabels.

Ist der Bleimantel geerdet und sind die beiden Leiter isoliert und an die Klemmen eines Wechselstromerzeugers mit beliebiger Spannungskurve angeschlossen, so berechnet sich der Ladestrom pro Längeneinheit aus der Formel:

$$J = \gamma_0 \cdot 2\pi\!\sim\! \cdot E \text{ (c. g. s.)} \quad . \quad . \quad . \quad . \quad (20)$$

E ist die Spannung zwischen den beiden Leitern, γ_0 die »Betriebskapazität« pro Längeneinheit:

$$\gamma_0 = \frac{1}{2}(\gamma_{11} - \gamma_{12}) = \frac{1}{4}\,\frac{\log\text{nat}\frac{R^2-d^2}{R\,r} + \log\text{nat}\frac{R^2+d^2}{2\,R\,d}}{\left[\left(\log\text{nat}\frac{R^2-d^2}{R\,r}\right)^2 - \left(\log\text{nat}\frac{d^2+R^2}{2\,R\,d}\right)^2\right]}$$

oder

$$\left.\begin{aligned} \gamma_0 &= \frac{1}{4} \cdot \frac{1}{\log\text{nat}\left(\frac{R^2-d^2}{R\,r}\right) - \log\text{nat}\left(\frac{R^2+d^2}{2\,R\,d}\right)} = \\ &= \frac{1}{4} \cdot \frac{1}{\log\text{nat}\left(\frac{R^2-d^2}{R^2+d^2} \cdot \frac{2\,d}{r}\right)} \text{ c. g. s.} \end{aligned}\right\} (21)$$

Die Werte für γ_{11}, γ_{12}, γ_0 nach (19) und (20) gelten für Luft als Dielektrikum.

Sie sind daher mit δ, der Dielektrizitätskonstante der Kabelisolation, zu multiplizieren. Da das Kabeldielektrikum selten ganz homogen ist, so darf für δ nicht der Mittelwert der Dielektrizitätskonstanten seiner Bestandteile gesetzt werden. δ ist vielmehr als ein Erfahrungsfaktor, der für jede Isolationsart am besten unter Benutzung der Formel (20) selbst bestimmt wird, zu betrachten.

Die Formeln (19) geben die Kapazität γ_{11} und den elektrostatischen Induktionskoeffizienten γ_{12} (vgl. Kapitel I, Abschnitt 3), die Formel (21) die »Betriebskapazität« pro Längeneinheit (1 cm) in absoluten elektrostatischen Maßeinheiten. Die Formel (20) gibt in demselben Maßsystem den Ladestrom pro Längeneinheit (1 cm) des Kabels. In der Praxis wird man natürlich von einer Gebrauchsformel verlangen, daß sie diese Größen in $\frac{\text{Mi}}{\text{km}}$ und $\frac{\text{Amp.}}{\text{km}}$ liefert.

Um dieses zu erreichen, sind die Konstanten γ_{11}, γ_{12}, γ_0 in den Formeln (19) und (21) mit passenden Zahlenfaktoren zu multiplizieren.

Bekanntlich ist der Zahlenwert der Kapazität in elektromagnetischen Einheiten gleich dem Zahlenwert der Kapazität in elektrostatischen Einheiten, multipliziert mit $\frac{1}{(3 \cdot 10^{10})^2}$.

Wir finden also z. B.

$$\gamma_{11} = \frac{\delta \log \text{nat} \frac{R^2 - d^2}{Rr}}{2\left\{\left(\log \text{nat} \frac{R^2 - d^2}{Rr}\right)^2 - \left(\log \text{nat} \frac{R^2 + d^2}{2Rd}\right)^2\right\}} \cdot \frac{1}{(3 \cdot 10^{10})^2}$$

C. G. S. (elektromagnetischer Einheiten)

$$= \ldots \frac{1}{(3 \cdot 10^{10})^2} \cdot 10^9 \cdot 10^6 \, \frac{\text{Mi}}{\text{cm}}$$

$$= \ldots \frac{1}{(3 \cdot 10^{10})^2} \cdot 10^9 \cdot 10^6 \cdot 10^5 \, \frac{\text{Mi}}{\text{km}}$$

$$= \ldots \frac{1 \text{ Mi}}{9 \text{ km}} \quad \ldots \ldots \quad (19^{\text{bis}})$$

Der gesuchte Faktor ist also $\frac{1}{9}$.

Wir finden weiter:

$$\gamma_{12} = - \frac{\delta \log \text{nat} \left(\frac{d^2 + R^2}{2dR}\right)}{2\left[\left(\log \text{nat} \frac{R^2 - d^2}{Rr}\right)^2 - \left(\log \text{nat} \frac{d^2 + R^2}{2dR}\right)^2\right]} \cdot \frac{1 \text{ Mi}}{9 \text{ km}} \quad (19^{\text{bis}})$$

$$\gamma_0 = \frac{1}{4} \, \frac{\delta}{\log \text{nat} \left\{\frac{R^2 - d^2}{R^2 + d^2} \cdot \frac{2d}{r}\right\}} \cdot \frac{1}{9} \, \frac{\text{Mi}}{\text{km}}. \quad (21^{\text{bis}})$$

Da in diesen Formeln nur Verhältnisse von R, d, r auftreten, so können R, d, r in beliebigen Einheiten ausgedrückt werden.

Ist die Kabellänge gleich l^{km}, so bestimmt sich der Ladestrom aus der Formel

$$\overset{\text{Amp.}}{J} = \gamma_0 \, \frac{\text{Mi}}{\text{km}} \cdot 2\pi \sim \overset{\text{Volt}}{E} \cdot \overset{\text{km}}{l} \cdot 10^{-6} \quad . \quad (20^{\text{bis}})$$

J und E sind die effektiven Werte des Stromes und der Spannung.

Betrachten wir z. B. ein Zweileiterkabel folgender Konstruktion (Fig. 14)

$$r = 0{,}5 \text{ cm}$$
$$d = 1{,}0 \text{ cm}$$
$$R = 2{,}0 \text{ cm}.$$

Nach der Formel (19bis) ist

$$\gamma_{11} = \frac{\delta \log \text{nat} \left(\frac{4-1}{1}\right)}{2\left\{(\log \text{nat}\, 3)^2 - \left(\log \text{nat} \frac{4+1}{4}\right)^2\right\}} \cdot \frac{1}{9} \, \frac{\text{Mi}}{\text{km}} = 0{,}052 \, \delta \, \frac{\text{Mi}}{\text{km}}$$

$$\gamma_{12} = -\delta \, \frac{\log \text{nat} \frac{5}{4}}{2\left\{(\log \text{nat}\, 3)^2 - \left(\log \text{nat} \frac{5}{4}\right)^2\right\}} \cdot \frac{1}{9} \, \frac{\text{Mi}}{\text{km}} = -0{,}012 \, \delta \, \frac{\text{Mi}}{\text{km}}$$

$$\gamma_0 = \frac{\delta}{4 \log \text{nat} \left[\frac{2}{0{,}5} \cdot \frac{(4-1)}{(4+1)}\right]} \cdot \frac{1}{9} \, \frac{\text{Mi}}{\text{km}} = 0{,}032 \, \delta \, \frac{\text{Mi}}{\text{km}}.$$

Mit $\delta = 2$ erhalten wir

$$\gamma_{11} = 0{,}104 \, \frac{\text{Mi}}{\text{km}}, \; \gamma_{12} = -0{,}024 \, \frac{\text{Mi}}{\text{km}}, \; \gamma_0 = 0{,}064 \, \frac{\text{Mi}}{\text{km}}.$$

Mit $\sim = 50 \, \frac{1}{\text{sek}}$, $l = 10$ km, $E = 10000$ Volt.

$$\overset{\text{Amp.}}{J} = 2\pi \cdot 50 \cdot \overset{\text{Mi/km}}{0{,}064} \cdot \overset{\text{Volt}}{10000} \cdot \overset{\text{km}}{10} \cdot 10^{-6} \cong 2 \text{ Amp.}$$

Dieser Ladestrom entspricht einer scheinbaren Leistung von 20 KW.

Nehmen wir jetzt weiter an, daß der Leiter (2) und der Mantel geerdet sind.

Wie wir im Kap. I, Abschnitt 5, gesehen haben, berechnet sich der Ladestrom im Leiter (1) aus der Formel

$$\overset{\text{Amp.}}{J_1} = \overset{\text{Mi/km}}{\gamma_{11}} \cdot 2\pi \sim \cdot \overset{\text{Volt}}{E} \cdot \overset{\text{km}}{l} \cdot 10^{-6}. \quad . \quad . \quad (22)$$

In diesem Falle wird auch der Mantel von dem Strom

$$\overset{\text{Amp.}}{J_0} = -\overset{\text{Mi/km}}{(\gamma_{11} + \gamma_{12})} \cdot 2\pi \sim \cdot \overset{\text{Volt}}{E} \cdot \overset{\text{km}}{l} \cdot 10^{-6} \quad . \quad (23)$$

durchflossen.

Setzen wir die soeben berechneten Werte für γ_{11}, γ_{12} in diese Formeln ein, so finden wir

$$J_1 = \quad 3{,}25 \text{ Amp.}$$
$$J_2 = \quad 0{,}75 \text{ Amp.}$$
$$J_0 = -4{,}0 \text{ Amp.}$$

Die »scheinbare Kapazität« unseres Kabels pro km ist jetzt

$$\gamma_0 = 0{,}104 \, \frac{\text{Mi}}{\text{km}}.$$

Nehmen wir endlich an, daß eine Klemme des Wechselstromerzeugers an die beiden Leiter, die andere an den Bleimantel und die Erde angeschlossen ist. (Fig. 16.)

Die »scheinbare Kapazität« pro km ist jetzt

$$\gamma_0 = 2\,(\gamma_{11} + \gamma_{12}) = 2 \cdot (0{,}104 - 0{,}024) \, \frac{\text{Mi}}{\text{km}} = 0{,}16 \, \frac{\text{Mi}}{\text{km}}.$$

Der Ladestrom

$$\overset{\text{Amp.}}{J} = 2\pi \cdot 50 \cdot \overset{\text{Mi/km}}{0{,}16} \cdot \overset{\text{Volt}}{10000} \cdot \overset{\text{km}}{10} \cdot 10^{-6} \cong 5 \text{ Amp.}$$

Wie aus diesen Beispielen ersichtlich, wird die »scheinbare Kapazität« eines Zweileiterkabels von der Schaltung wesentlich beeinflußt. Die Ladeströme bei normalem Betrieb und bei der Anordnung nach Fig. 16 verhalten sich wie 2 : 5.

In den bis jetzt betrachteten Beispielen war der Bleimantel geerdet. Der Eisenmantel konnte dabei geerdet oder nicht geerdet sein. Jetzt wollen wir aber annehmen, daß der Eisenmantel geerdet, der Bleimantel aber isoliert ist. Der Fall, den wir durchrechnen wollen, tritt bei den Isolationsprüfungen fertig verlegter Kabelanlagen jedesmal dann ein, wenn der Bleimantel nicht geerdet wird. Man legt bei der Isolationsprüfung eine Klemme des Prüftransformators an die beiden Kabelleiter, die andere an Erde, oder, was dasselbe ist, an den Eisenmantel. Wir setzen diese Schaltung voraus und werden im folgenden die Spannungsverteilung und die Ladeströme für das zuletzt betrachtete Kabel berechnen. Den äußeren Halbmesser des Bleimantels nehmen wir gleich 2,3 cm, die Stärke der Isolationsschicht zwischen dem Blei- und dem Eisenmantel gleich 0,3 cm an.

Wir bezeichnen die Spannung der beiden Leiter gegen Erde mit V_t, die des Bleimantels mit V_t', die Ladungen der Leiter mit Q_{1t}, Q_{2t}. Die Spannung des Eisenmantels gegen Erde ist Null, außerdem ist

$$V_t = E_m \sin(\omega t).$$

Auf der Innenseite des Bleimantels befindet sich, wie wir wissen, eine Ladung, die der Summe der eingeschlossenen Ladungen entgegengesetzt gleich ist

$$\overset{b}{Q}_{it} = -(Q_{1t} + Q_{2t}) = -2\,Q_{1t}.$$

Da der Bleimantel isoliert und nicht geladen ist, so muß auf seiner Außenseite sich eine entgegengesetzt gleiche Ladung befinden.

$$\overset{b}{Q}_{at} = 2\,Q_{1t}.$$

Die Ladung auf der Innenseite des Eisenmantels ist endlich

$$\overset{e}{Q}_{it} = -2\,Q_{1t}.$$

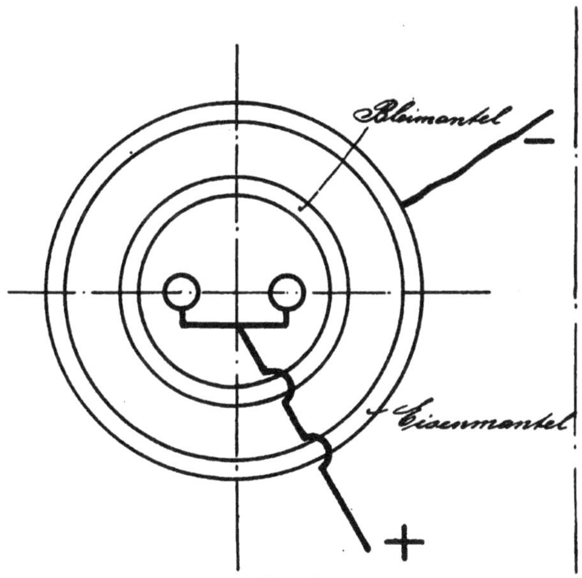

Fig. 36.

Bezeichnen wir die »scheinbare Kapazität« des Kabels (Fig. 36) pro Längeneinheit bei geerdetem Bleimantel mit γ_0, so haben wir

$$2\,Q_{1t} = \gamma_0 \cdot (V_t - V_t'). \quad . \quad . \quad . \quad (24)$$

Ist die Kapazität des Zylinderkondensators, dessen beide Belegungen Bleimantel und Eisenmantel sind, gleich γ_1, so gilt die Beziehung

$$2\,Q_{1t} = \gamma_1\, V_t'. \quad . \quad . \quad . \quad . \quad . \quad (25)$$

Aus (24) und (25) finden wir

$$\gamma_0\,(V_t - V_t') = \gamma_1\, V_t';$$

$$V_t' = V_t \cdot \frac{\gamma_0}{\gamma_0 + \gamma_1};$$

$$2\,Q_{1t} = \gamma_0 \cdot \left(V_t - V_t \cdot \frac{\gamma_0}{\gamma_0 + \gamma_1}\right) = V_t \frac{\gamma_0\,\gamma_1}{\gamma_0 + \gamma_1};$$

$$J = \frac{\gamma_0\,\gamma_1}{\gamma_0 + \gamma_1} \cdot 2\pi \sim \cdot E \cdot l; \text{ (c. g. s.)}. \quad . \quad (26)$$

Die »scheinbare Kapazität« unseres Kabels pro Längeneinheit ist jetzt gleich

$$\frac{\gamma_0\,\gamma_1}{\gamma_0 + \gamma_1}.$$

Im vorliegenden Falle ist

$$\gamma_0 = 0{,}16\,\frac{\text{Mi}}{\text{km}};$$

$$\gamma_1 = \frac{\delta}{2\log\text{nat}\frac{2{,}6}{2{,}3}} \cdot \frac{1}{9}\,\frac{\text{Mi}}{\text{km}} = \frac{2}{2\log\text{nat}\,1{,}13} \cdot \frac{1}{9}\,\frac{\text{Mi}}{\text{km}}$$

$$= 0{,}91\,\frac{\text{Mi}}{\text{km}}.$$

$$V_t' = V_t\,\frac{0{,}16}{1{,}07} = 0{,}15 \cdot V_t.$$

Der Effektivwert der Spannung des Bleimantels gegen Erde ist also

$$V' = 0{,}15 \cdot 10\,000 \text{ Volt} = 1500 \text{ Volt}.$$

Bei der Schaltung nach Fig. (36) hat also der Bleimantel gegen Erde eine Spannung von 1500 Volt. Reicht die Isolation zwischen den beiden Kabelmänteln für diese Spannung nicht aus, so wird sie durchschlagen.

Die scheinbare Kapazität pro km ist

$$\frac{\gamma_0\,\gamma_1}{\gamma_0 + \gamma_1} = \frac{0{,}16 \cdot 0{,}91}{1{,}07}\,\frac{\text{Mi}}{\text{km}} = 0{,}135\,\frac{\text{Mi}}{\text{km}}.$$

Der Ladestrom ist nach (26) gleich

$$\overset{\text{Amp.}}{J} = 2\pi \cdot 50 \cdot \overset{\frac{\text{Mi}}{\text{km}}}{0{,}135} \cdot \overset{\text{Volt}}{10\,000} \cdot \overset{\text{km}}{10} \cdot 10^{-6} = \overset{\text{Amp.}}{4{,}24}$$

gegenüber $J_e = 5$ Amp. bei geerdetem Bleimantel.

Ist die Stärke der Isolierschicht zwischen beiden Mänteln gleich nur 0,2 cm, so wird

$$\gamma_1 = \frac{\delta}{2\log\text{nat}\frac{2{,}5}{2{,}3}} \cdot \frac{1}{9}\,\frac{\text{Mi}}{\text{km}} = \frac{2}{2\log\text{nat}\,1{,}087} \cdot \frac{1}{9}\,\frac{\text{Mi}}{\text{km}}$$

$$= 1{,}33\,\frac{\text{Mi}}{\text{km}}$$

$$V_t' = V_t \cdot \frac{0{,}16}{1{,}33} = 0{,}12 \cdot V_t.$$

$$V' = 0{,}12 \cdot \overset{\text{Volt}}{10\,000} = \overset{\text{Volt}}{1200}$$

Wird der Bleimantel durch einen Widerstand geerdet, so findet zwischen den beiden Mänteln momentaner Ausgleich elektrischer Ladungen statt. Wir wollen die den Widerstand durchfließende Elektrizitätsmenge berechnen und nehmen an, daß der Ausgleich in dem Augenblick erfolgt, in dem die veränderliche Spannung ihren positiven Maximalwert hat. In diesem Zeitmoment haben die einzelnen Leiter folgende Ladungen:

Leiter 1: $$\overset{\text{Coul.}}{Q_{1m}} = \overset{\text{Volt}}{E_m} \cdot \frac{1}{2}\left[\frac{\gamma_0\,\gamma_1}{\gamma_0 + \gamma_1}\right]^{\frac{\text{Mi}}{\text{km}}} \cdot \overset{\text{km}}{l} \cdot 10^{-6}$$

$$= 10\,000 \cdot \sqrt{2} \cdot \frac{1}{2} \cdot 0{,}135 \cdot 10 \cdot 10^{-6} = \overset{\text{Coul.}}{0{,}00952}$$

Leiter 2: $Q_{2m} = Q_{1m} = 0{,}00952$ Coul.

Auf der Innenseite des Bleimantels befindet sich eine Ladung von

$$-(Q_{1m} + Q_{2m}) = -0{,}01904 \text{ Coul.}$$

Eine entgegengesetzt gleiche Ladung ist auf der Außenseite des Bleimantels angehäuft. Auf der Innenseite des Eisenmantels ist endlich wieder die Elektrizitätsmenge

$$-(Q_{1m} + Q_{2m}) = -0{,}01904 \text{ Coul.}$$

vorhanden.

Ist der Bleimantel aber geerdet, so ist die Verteilung der Ladungen anders.

Leiter 1: $$\overset{\text{Coul.}}{Q_{1m}} = \overset{\text{Volt}}{E_m} \cdot \frac{1}{2}\overset{\frac{\text{Mi}}{\text{km}}}{\gamma_0} \cdot \overset{\text{km}}{l} \cdot 10^{-6}$$

$$= 10\,000 \cdot \sqrt{2} \cdot 0{,}08 \cdot 10 \cdot 10^{-6} = \overset{\text{Coul.}}{0{,}01127}$$

Auf der Innenseite des Bleimantels befindet sich eine Ladung gleich

$$-(Q_{1m} + Q_{2m}) = -0{,}02254 \text{ Coul.}$$

Die Außenseite des Bleimantels und der Eisenmantel sind nicht geladen. Legt man jetzt den Bleimantel plötzlich an Erde, so fließt die auf seiner Außenfläche befindliche Ladung 0,01904 Coul. sowie der Überschuß der auf der Innenfläche ursprünglich vorhandenen über der bei geerdetem Mantel zurückbleibenden Ladung

$$-0{,}01904 - (-0{,}02254) = 0{,}0035 \text{ Coul.}$$

zur Erde über.

Die gesamte zur Erde übergehende Ladung ist

$$0{,}01904 + 0{,}0035 = 0{,}02254 \text{ Coul.}$$

Da die Anfangsspannung gleich $1500 \cdot \sqrt{2}$ Volt war, so ist die im Widerstand in Wärme umgesetzte Arbeit gleich

$$\frac{\overset{\text{Volt}}{1500 \cdot \sqrt{2}} \cdot \overset{\text{Coul.}}{0{,}02254}}{2} = 23{,}3 \text{ Joule.}$$

Da diese Arbeitsmenge während einer sehr kurzen Zeit frei wird, so können die physiologischen und Wärmewirkungen ganz beträchtlich sein.

4. Dreileiterkabel. Berechnung der Kabelkonstanten α_{pq} und γ_{pq}.

Wir gehen jetzt weiter zur Betrachtung eines Dreileiterkabels (Fig. 37) über. (1), (2), (3) sind die Kabelleiter, (1)', (2)', (3)' ihre elektrischen Bilder. Wie wir wissen, ist

$$d d_1 = R^2$$

Die Ladungen der Leiter (1), (2), (3), (1'), (2'), (3') pro Längeneinheit sind Q_1, Q_2, Q_3, $-Q_1$, $-Q_2$, $-Q_3$.

Das Potential des Leiters (1) ist

$$V_1 = 2\,Q_1 \log\text{nat} \frac{d_1 - d}{r} + 2\,Q_2 \log\text{nat} \frac{12'}{12} + 2\,Q_3 \log\text{nat} \frac{13'}{13}$$

oder mit

$$\left.\begin{aligned} 13 &= 12 = d\sqrt{3}; \\ 13' &= 12' = \sqrt{d_1^2 + d^2 + d d_1}; \\ V_1 &= 2Q_1 \log\text{nat} \frac{d_1 - d}{r} + 2(Q_2 + Q_3) \log\text{nat} \frac{12'}{12} = \\ &= 2\,Q_1 \log\text{nat} \frac{R^2 - d^2}{dr} + 2\,[Q_2 + Q_3] \\ &\quad \times \log\text{nat} \frac{\sqrt{d^4 + d^2R^2 + R^4}}{d^2\sqrt{3}} \end{aligned}\right\} \quad (27)$$

Das Potential des Mantels ist

$$\left.\begin{aligned} V_0 &= 2\,Q_1 \log\text{nat} \frac{x\,1'}{x\,1} + 2\,Q_2 \log\text{nat} \frac{x\,2'}{x\,2} \\ &+ 2\,Q_3 \log\text{nat} \frac{x\,3'}{x\,3} = 2(Q_1 + Q_2 + Q_3) \log\text{nat} \frac{R}{d} \end{aligned}\right\} \quad (28)$$

Ist der Mantel geerdet, so wird das Potential des Leiters (1) gleich

$$\begin{aligned} V_1 &= 2\,Q_1 \log\text{nat} \frac{R^2 - d^2}{dr} - 2\,Q_1 \log\text{nat} \frac{R}{d} \\ &+ 2\,Q_2 \log\text{nat} \frac{\sqrt{\cdots}}{d^2\sqrt{3}} - 2\,Q_2 \log\text{nat} \frac{R}{d} \\ &+ 2\,Q_3 \log\text{nat} \frac{\sqrt{\cdots}}{d^2\sqrt{3}} - 2\,Q_3 \log\text{nat} \frac{R}{d} \end{aligned}$$

oder

$$\begin{aligned} V_1 &= 2\,Q_1 \log\text{nat} \frac{R^2 - d^2}{Rr} \\ &+ 2\,Q_2 \log\text{nat} \left(\frac{1}{Rd\sqrt{3}} \sqrt{d^4 + R^4 + d^2R^2}\right) \\ &+ 2\,Q_3 \log\text{nat} \left(\frac{1}{Rd\sqrt{3}} \sqrt{d^4 + R^4 + d^2R^2}\right) \quad . \quad . \quad (29) \end{aligned}$$

Und analog

$$\begin{aligned} V_2 &= 2\,Q_1 \log\text{nat} \left(\frac{1}{Rd\sqrt{3}} \sqrt{d^4 + R^4 + R^2d^2}\right) \\ &+ 2\,Q_2 \log\text{nat} \frac{R^2 - d^2}{Rr} \\ &+ 2\,Q_3 \log\text{nat} \left(\frac{1}{Rd\sqrt{3}} \sqrt{d^4 + R^4 + d^2R^2}\right); \\ V_3 &= 2\,Q_1 \log\text{nat} \left(\frac{1}{Rd\sqrt{3}} \sqrt{d^4 + R^4 + R^2d^2}\right) \\ &+ 2\,Q_2 \log\text{nat} \left(\frac{1}{Rd\sqrt{3}} \sqrt{d^4 + R^4 + d^2R^2}\right) \\ &+ 2\,Q_3 \log\text{nat} \left(\frac{R^2 - d^2}{Rr}\right) \end{aligned}$$

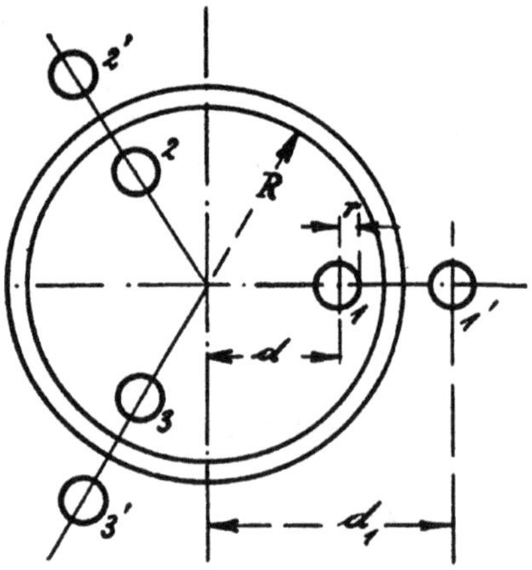

Fig. 37.

Vergleichen wir diese Formeln mit den Formeln 9 Kap. I, so finden wir für Dreileiterkabel

$$\left.\begin{aligned} \alpha_{11} &= \alpha_{22} = \alpha_{33} = 2 \log\text{nat} \left(\frac{R^2 - d^2}{Rr}\right) \\ \alpha_{12} &= \alpha_{21} = \alpha_{13} = \alpha_{31} = \alpha_{23} = \alpha_{32} \\ &= 2 \log\text{nat} \left(\frac{1}{Rd\sqrt{3}} \sqrt{d^4 + R^4 + d^2R^2}\right) \\ &= \log\text{nat} \left\{\frac{1}{3}\left(\frac{R^2}{d^2} + 1 + \frac{d^2}{R^2}\right)\right\} \end{aligned}\right\} \quad (30)$$

Wie wir im Abschnitt 2 bereits gesehen haben, ist

$$\alpha_{11} = \alpha_{22} = \alpha_{33} > 0$$

α_{12} ist ebenfalls positiv.

Lösen wir die Gleichungen

$$\left.\begin{aligned} V_1 &= \alpha_{11}\,Q_1 + \alpha_{12}\,Q_2 + \alpha_{12}\,Q_3 \\ V_2 &= \alpha_{12}\,Q_1 + \alpha_{11}\,Q_2 + \alpha_{12}\,Q_3 \\ V_3 &= \alpha_{12}\,Q_1 + \alpha_{12}\,Q_2 + \alpha_{11}\,Q_3 \end{aligned}\right\} \quad . \quad . \quad (31)$$

nach Q_1, Q_2, Q_3 auf, so finden wir

$$Q_1 = \frac{\begin{vmatrix} V_1 & \alpha_{12} & \alpha_{12} \\ V_2 & \alpha_{11} & \alpha_{12} \\ V_3 & \alpha_{12} & \alpha_{11} \end{vmatrix}}{\begin{vmatrix} \alpha_{11} & \alpha_{12} & \alpha_{12} \\ \alpha_{12} & \alpha_{11} & \alpha_{12} \\ \alpha_{12} & \alpha_{12} & \alpha_{11} \end{vmatrix}} =$$

$$= \frac{({\alpha_{11}}^2 - {\alpha_{12}}^2) V_1 + ({\alpha_{12}}^2 - \alpha_{11}\alpha_{12}) V_2 + ({\alpha_{12}}^2 - \alpha_{11}\alpha_{12}) V_3}{{\alpha_{11}}^3 - 3\alpha_{11}{\alpha_{12}}^2 + 2{\alpha_{12}}^3}$$

Vergleichen wir diese Formel mit den Gleichungen (10) Kap. I, so finden wir

$$\left.\begin{aligned} \gamma_{11} &= \frac{{\alpha_{11}}^2 - {\alpha_{12}}^2}{{\alpha_{11}}^3 - 3\alpha_{11}{\alpha_{12}}^2 + 2{\alpha_{12}}^3} = \gamma_{22} = \gamma_{33}; \\ \gamma_{12} &= \gamma_{21} = \ldots\ldots = \gamma_{32} = \frac{{\alpha_{12}}^2 - \alpha_{11}\alpha_{12}}{{\alpha_{11}}^3 - 3\alpha_{11}{\alpha_{12}}^2 + 2{\alpha_{12}}^3} \end{aligned}\right\} \quad (32)$$

Um γ_{11} und γ_{12} als Funktionen der Querschnittsabmessungen des Kabels zu erhalten, hat man in (32) nur noch die Werte für α_{11} und α_{12} einzusetzen.

Nachdem wir so die Konstanten γ_{11} und γ_{12} bestimmt haben, gehen wir jetzt zur Betrachtung der verschiedenen im Kapitel entwickelten Spezialfälle über.

5. Scheinbare Kapazität eines Dreileiterkabels.

Ist der Bleimantel geerdet und sind die Leiter isoliert und an die Klemmen eines Drehstromerzeugers mit sinusförmiger Spannungskurve angeschlossen, so berechnet sich der Ladestrom pro Längeneinheit aus der Formel (siehe Kapitel I Abschnitt 6):

$$J = \gamma_0 \cdot 2\pi \sim E; \quad \gamma_0 = \gamma_{11} - \gamma_{12} \;.\;. \quad (33)$$

E ist der Effektivwert der Phasenspannung, γ_0 die »Betriebskapazität« des Kabels pro Längeneinheit.

Setzen wir für γ_{11} und γ_{12} die Werte (32) ein, so erhalten wir

$$\left.\begin{aligned} \gamma_0 &= \frac{{\alpha_{11}}^2 + \alpha_{11}\alpha_{12} - 2{\alpha_{12}}^2}{{\alpha_{11}}^3 - 3\alpha_{11}{\alpha_{12}}^2 + 2{\alpha_{12}}^3} = \frac{1}{\alpha_{11} - \alpha_{12}} \\ &= \frac{1}{2 \log \text{nat} \dfrac{R^2 - d^2}{Rr} + \log \text{nat} \dfrac{3R^2d^2}{(d^4 + R^4 + d^2R^2)}} \\ &= \frac{1}{\log \text{nat} \left\{\dfrac{3d^2}{r^2} \cdot \dfrac{(R^2 - d^2)^3}{R^6 - d^6}\right\}} \;\text{c. g. s.} \end{aligned}\right\} \quad (34)$$

Führen wir die Spannung zwischen zwei Leitern (verkettete Spannung) in die Formel (33) ein, so haben wir für γ_0 den Wert

$$\gamma_0 = \frac{1}{\sqrt{3}} \frac{1}{\log \text{nat} \left\{\dfrac{3d^2}{r^2} \cdot \dfrac{(R^2 - d^2)^3}{R^6 - d^6}\right\}} \quad \text{(c. g. s.)}$$

zu setzen.

Die Werte (32) und (34) für γ_{11}, γ_{12} und γ_0 gelten, wenn das Dielektrikum aus Luft besteht. Ist δ die Dielektrizitätskonstante des Kabelisoliermaterials, so sind die vorstehenden Werte mit δ zu multiplizieren. Jene Formeln geben die Kapazität γ_{11}, den Induktionskoeffizienten γ_{12} und die »scheinbare Kapazität« γ_0 pro Längeneinheit (1 cm) in absoluten elektrostatischen Maßeinheiten. Die Formel 33 gibt in denselben Einheiten den Ladestrom pro cm Kabellänge. Nach Abschnitt 3 sind diese Größen in technischen Einheiten gleich

$$\left.\begin{aligned} \gamma_{11} &= \delta \cdot \frac{{\alpha_{11}}^2 - {\alpha_{12}}^2}{{\alpha_{11}}^3 - 3\alpha_{11} \cdot {\alpha_{12}}^2 + 2{\alpha_{12}}^3} \cdot \frac{1}{9} \frac{\text{Mi}}{\text{km}} \\ \gamma_{12} &= \delta \cdot \frac{{\alpha_{11}}^2 - \alpha_{11}\alpha_{12}}{{\alpha_{11}}^3 - 3\alpha_{11}{\alpha_{12}}^2 + 2{\alpha_{12}}^3} \cdot \frac{1}{9} \frac{\text{Mi}}{\text{km}} \\ \gamma_0 &= \frac{1}{\sqrt{3}} \cdot \frac{\delta}{\log \text{nat} \left\{\dfrac{3d^2}{r^2} \cdot \dfrac{(R^2 - d^2)^3}{R^6 - d^6}\right\}} \quad \frac{1}{9} \frac{\text{Mi}}{\text{km}} \end{aligned}\right\} \quad (35)$$

$$J^{\text{Amp.}} = \gamma_0^{\frac{\text{Mi}}{\text{km}}} \cdot 2\pi \sim \cdot E^{\text{Volt}} \cdot l^{\text{km}} \quad 10^{-6} \;.\;. \quad (36)$$

E ist verkettete Spannung, l die Länge des Kabels.

Betrachten wir ein Dreileiterkabel folgender Konstruktion (Fig. 17):

$$r = 0{,}5 \text{ cm}, \quad R = 2{,}5 \text{ »}, \quad d = 1{,}3 \text{ »}, \quad l = 10 \text{ km}.$$

Nach der Formel (30) ist

$$\alpha_{11} = 2 \log \text{nat} \frac{(2{,}5)^2 - (1{,}3)^2}{2{,}5 \cdot 0{,}5} = 2 \log \text{nat}\, 3{,}65 = 2{,}6 \text{ c. g. s.}$$

$$\alpha_{12} = 2 \log \text{nat} \frac{\sqrt{(1{,}3)^4 + (1{,}3)^2 \cdot (2{,}5)^2 + (2{,}5)^4}}{2{,}5 \cdot 1{,}3 \cdot \sqrt{3}}$$

$$= 2 \log \text{nat}\; 1{,}28 = 0{,}50 \text{ c. g. s.}$$

$$\gamma_{11} = \delta \frac{(2{,}6)^2 - (0{,}5)^2}{(2{,}6)^3 - 3 \cdot 2{,}6 \cdot (0{,}5)^2 + 2 \cdot (0{,}5)^3} \cdot \frac{1}{9} \frac{\text{Mi}}{\text{km}}$$

$$= 0{,}0452\, \delta \frac{\text{Mi}}{\text{km}}$$

$$\gamma_{12} = \delta \frac{(0{,}5)^2 - 2{,}6 \cdot 0{,}5}{(2{,}6)^3 - 3 \cdot 2{,}6 \cdot (0{,}5)^2 + 2\,(0{,}5)^3} \cdot \frac{1}{9} \frac{\text{Mi}}{\text{km}}$$

$$= -0{,}0073\, \delta \frac{\text{Mi}}{\text{km}}$$

$$\gamma_0 = \frac{1}{\sqrt{3}} (\gamma_{11} - \gamma_{12}) = \frac{1}{\sqrt{3}}\, 0{,}0525\, \delta \frac{\text{Mi}}{\text{km}}.$$

Mit $\delta = 2$ erhalten wir

$$\gamma_{11} = 0{,}0904 \frac{\text{Mi}}{\text{km}}; \quad \gamma_{12} = -0{,}0146 \frac{\text{Mi}}{\text{km}};$$

$$\gamma_0 = \frac{1}{\sqrt{3}}\, 0{,}1050 \frac{\text{Mi}}{\text{km}}.$$

Für $\sim = 50 \frac{1}{\text{sek}}$, $E = 10000$ Volt ist

$$J = 2\pi \cdot 50 \cdot \frac{1}{\sqrt{3}} \cdot 0{,}105 \cdot 10000 \cdot 10 \cdot 10^{-6} \cong 1{,}9 \text{ Amp.}$$

Wir nehmen jetzt zweitens an, daß ein Leiter, z. B. Leiter (1), und der Mantel geerdet sind. Die »scheinbare Kapazität« des Leiters (1) pro Längeneinheit ist jetzt nach Kapitel I, Abschnitt 6

$$\gamma_0' = -3\gamma_{12}.$$

$$J_1 = \gamma_0' \cdot 2\pi \sim \cdot E \cdot l \quad \text{c. g. s.}$$

wo E die Phasenspannung bedeutet. Im vorliegenden Falle finden wir also

$$\gamma_0' = -3 \cdot -0{,}0146 \frac{\text{Mi}}{\text{km}} = 0{,}0438 \frac{\text{Mi}}{\text{km}}.$$

$$J_1 = 0{,}0438 \cdot 2 \cdot \pi \cdot 50 \cdot \frac{10000}{\sqrt{3}} \cdot 10 \cdot 10^{-6}$$

$$\cong 0{,}795 \text{ Amp.}$$

Wir finden weiter

$$J_2^{(1)} = \gamma_{11} \cdot 2\pi \sim E\sqrt{3} \cdot l \text{ (c. g. s.)}$$

$$= 0{,}0904 \frac{\text{Mi}}{\text{km}} \cdot 2\pi \cdot 50 \cdot \frac{10000}{\sqrt{3}}^{\text{Volt}} \cdot \sqrt{3} \cdot 10^{\text{km}} \cdot 10^{-6}$$

$$= 2{,}84 \text{ Amp.}$$

$$J_2^{(2)} = \gamma_{12} \cdot 2\pi \sim \cdot E\sqrt{3} \cdot l \text{ (c. g. s.)}$$

$$= -0{,}0146 \frac{\text{Mi}}{\text{km}} \cdot 2\pi \cdot 50 \cdot \frac{10000}{\sqrt{3}}^{\text{Volt}} \cdot \sqrt{3} \cdot 10^{\text{km}} \cdot 10^{-6}$$

$$= -0{,}458 \text{ Amp.}$$

Mit diesen Zahlen finden wir

$$J_2 = 2{,}65 \text{ Amp.}$$

Wir nehmen jetzt drittens an, daß unser Kabel zum Fortleiten der Ströme eines Wechselstromdreileitersystems mit geerdetem Mittelleiter benutzt wird. Wir können auch annehmen, daß zwei Leiter unseres Kabels an eine Wechselstromquelle angeschlossen sind, der dritte aber an Erde liegt. Die Spannung zwischen den Außenleitern mag wieder 10000 Volt betragen. Die »scheinbare Kapazität« des Kabels pro Längeneinheit ist jetzt

$$\gamma_0 = \frac{\gamma_{11} - \gamma_{12}}{2} = 0{,}0525 \frac{\text{Mi}}{\text{km}}$$

Die Ladeströme sind

$$J_1 = -J_3 = 0{,}0525 \frac{\text{Mi}}{\text{km}} \cdot 2\pi \cdot 50 \cdot 10000^{\text{Volt}} \cdot 10^{\text{km}} \cdot 10^{-6} = 1{,}65 \text{ Amp.}$$

Sind beim Betriebe mit Wechselstrom (1) und (2) parallel geschaltet und ist der Mittelpunkt der Statorwicklung geerdet, so fließt nach Kap. I, Abschn. 8 in der gemeinsamen Hinleitung der Strom.

$$J_{12} = J_1 + J_2 = \gamma_{11} \cdot 2\pi \sim \cdot E \cdot l \text{ (c. g. s.)}$$

$$= 0{,}0904 \frac{\text{Mi}}{\text{km}} \cdot 2\pi \cdot 50 \cdot 10000^{\text{Volt}} \cdot 10^{\text{km}} \cdot 10^{-6} = 2{,}84 \text{ Amp.}$$

Der Strom in der Rückleitung ist

$$J_3 = -\frac{\gamma_{11} - 2\gamma_{12}}{2} \cdot 2\pi \sim \cdot E \cdot l$$

$$= -0{,}0598 \frac{\text{Mi}}{\text{km}} \cdot 2\pi \cdot 50 \cdot 10000^{\text{Volt}} \cdot 10^{\text{km}} \cdot 10^{-6} = -1{,}88 \text{ Amp.}$$

Wie wir wissen, wird in diesem Falle der Bleimantel ebenfalls geladen. Der Ladestrom berechnet sich aus der Gleichung

$$J_0 + J_{12} + J_3 = 0$$

zu $J_0 = -J_3 - J_{12} = 1{,}88 - 2{,}84 = -0{,}96$ Amp.

In der Anlage fließt ein Erdstrom gleich 0,96 Amp.

Ist zweitens die Statorwicklung isoliert, so hat nicht mehr der Mittelpunkt, sondern ein Punkt, der die ganze Wicklungslänge im Verhältnis 1 : 2 teilt, dauernd die Spannung Null gegen Erde (s. Fig. 21). Diesen Punkt darf man erden, ohne daß ein Erdstrom sich einstellt.

Wir finden jetzt

$$J_1 = J_2 = \frac{1}{3}(\gamma_{11} - \gamma_{12})\, 2\pi \sim \cdot E \cdot l \text{ (c. g. s.)}$$

$$= \frac{1}{3}(0{,}0904 + 0{,}0146) \frac{\text{Mi}}{\text{km}} \cdot 2\pi \cdot 50 \cdot 10000^{\text{Volt}} \cdot 10^{\text{km}} \cdot 10^{-6}$$

$$= 1{,}096 \text{ Amp.}$$

$$J_3 = -2J_1 = -2{,}192 \text{ Amp.}$$

Im Mantel fließt kein Strom mehr.

Als letztes Beispiel nehmen wir an, daß alle drei Leiter an eine Klemme eines Wechselstromzeugers mit sinusförmiger Spannungskurve angeschlossen sind. Die andere Klemme liegt an dem Mantel (Fig. 38).

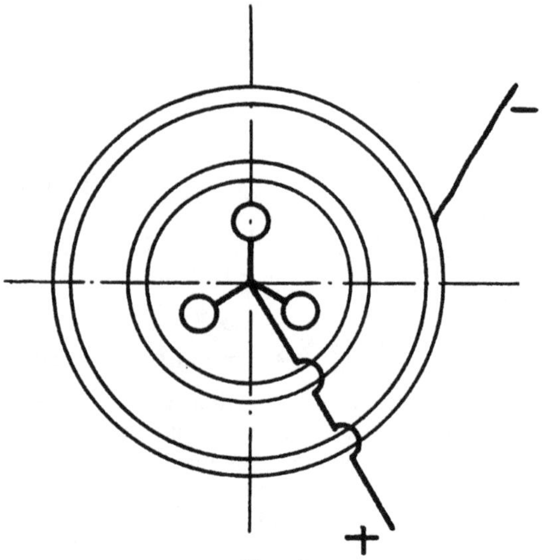

Fig. 38.

Die »scheinbare Kapazität« ist jetzt pro Längeneinheit

$$\gamma_0 = 3(\gamma_{11} + 2\gamma_{12}) = 3(0{,}0904 - 2 \cdot 0{,}0146) = 0{,}1836 \frac{\text{Mi}}{\text{km.}}$$

Der Ladestrom in den Kabelleitern ist

$$J = J_1 + J_2 + J_3 = 0{,}1836 \frac{\text{Mi}}{\text{km}} \cdot 2\pi \cdot 50 \cdot 10000^{\text{Volt}} \cdot 10^{\text{km}} \cdot 10^{-6}$$

$$= 5{,}76 \text{ Amp.}$$

Der Ladestrom in dem Mantel ist natürlich

$$J_0 = -(J_1 + J_2 + J_3) = -5{,}76 \text{ Am.}$$

In allen bis jetzt betrachteten Beispielen war der Bleimantel geerdet. Der Eisenmantel konnte dabei geerdet oder nicht geerdet sein. Jetzt wollen wir annehmen, daß der Eisenmantel geerdet, der Bleimantel dagegen isoliert ist.

Den äußeren Halbmesser des Bleimantels nehmen wir gleich 2,8 cm, die Stärke der Isolationsschicht zwischen dem Blei- und dem Eisenmantel gleich 0,3 cm an. Die analoge Aufgabe für ein Zweileiterkabel haben wir bereits im Abschnitt 4 gelöst.

Wir bezeichnen die Spannung der Leiter gegen Erde mit V_t, die des Bleimantels mit V'_t, die Ladungen der Leiter mit Q_{1t}, Q_{2t}, Q_{3t}. Die Spannung des Eisenmantels gegen Erde ist Null. Außerdem

$$V_t = E_m \sin(\omega t).$$

Auf der Innenseite des Bleimantels befindet sich die Ladung

$$\overset{i}{Q}_{0t} = -(Q_{1t} + Q_{2t} + Q_{3t}) = -3\, Q_{1t};$$

Auf seiner Außenseite hat sich die entgegengesetzt gleiche Ladung

$$\overset{a}{Q}_{0t} = +3\, Q_{1t}$$

angesammelt. Die Ladung auf der Innenseite des Eisenmantels ist endlich

$$\overset{e}{Q}_t = -3\, Q_{1t};$$

Bezeichnen wir die »scheinbare Kapazität« des Kabels (Fig. 38) pro Längeneinheit bei geerdetem Bleimantel mit γ_0, so haben wir

$$3\, Q_{1t} = \gamma_0 (V_t - V_t'); \quad . \quad . \quad . \quad . \quad (37)$$

Ist die Kapazität des Zylinderkondensators, dessen beide Belegungen Bleimantel und Eisenmantel sind, gleich γ_1, so gilt die Beziehung

$$3\,Q_{1t} = \gamma_1 \cdot V_t'; \quad . \quad . \quad . \quad . \quad . \quad (38)$$

Aus (37) und (38) finden wir

$$\gamma_0 (V_t - V_t') = \gamma_1 \cdot V_t';$$

$$V_t' = V_t \frac{\gamma_0}{\gamma_0 + \gamma_1};$$

$$3\,Q_{1t} = \gamma_0 \cdot \left(V_t - V_t \cdot \frac{\gamma_0}{\gamma_0 + \gamma_1}\right) = V_t \cdot \frac{\gamma_0 \gamma_1}{\gamma_0 + \gamma_1}$$

$$J = \frac{\gamma_0 \gamma_1}{\gamma_0 + \gamma} \cdot 2\pi \sim \cdot E \cdot l \text{ (c. g. s.)} \quad . \quad . \quad (39)$$

Die »scheinbare Kapazität« unseres Kabels pro Längeneinheit ist jetzt gleich

$$\frac{\gamma_0 \gamma_1}{\gamma_0 + \gamma_1}.$$

Im vorliegenden Falle ist

$$\gamma_0 = 0{,}1836 \frac{\text{Mi}}{\text{km}}$$

$$\gamma_1 = \frac{\delta}{2 \log \text{nat} \frac{3{,}1}{2{,}8}} \cdot \frac{1}{9} \frac{\text{Mi}}{\text{km}} = \frac{2}{2 \log \text{nat}\, 1{,}11} \cdot \frac{1}{9} \frac{\text{Mi}}{\text{km}}$$

$$= \frac{2}{2 \cdot 0{,}104} \cdot \frac{1}{9} \frac{\text{Mi}}{\text{km}} = 1{,}07 \frac{\text{Mi}}{\text{km}};$$

$$V_1' = V \cdot \frac{0{,}1836}{1{,}07 + 0{,}1836} = 0{,}146 \cdot V;$$

Der Effektivwert der Spannung des Bleimantels gegen Erde ist

$$V' = 0{,}146 \cdot 10000 \text{ Volt} = 1460 \text{ Volt}.$$

Bei der Schaltung nach Fig. 38 hat also der Bleimantel gegen Erde eine Spannung von 1460 Volt.

Die scheinbare Kapazität pro Längeneinheit ist

$$\frac{\gamma_0 \gamma_1}{\gamma_0 + \gamma_1} = \frac{0{,}1836 \cdot 1{,}07}{1{,}07 + 0{,}1836} \frac{\text{Mi}}{\text{km}} = 0{,}157 \frac{\text{Mi}}{\text{km}}.$$

Der Ladestrom ist nach (39)

$$J = 2\pi \cdot 50 \cdot 0{,}157^{\frac{\text{Mi}}{\text{km}}} \cdot 10000^{\text{Volt}} \cdot 10^{\text{km}} \cdot 10^{-6} \text{ Amp.}$$
$$= 4{,}93 \text{ Amp.}$$

gegenüber

$$J = 5{,}76 \text{ Amp.}$$

bei geerdetem Bleimantel.

Ist die Stärke der Isolationsschicht zwischen beiden Mänteln gleich 0,2 cm, so wird

$$\gamma_1 = \frac{\delta}{2 \log \text{nat} \frac{3{,}0}{2{,}8}} \cdot \frac{1}{9} \frac{\text{Mi}}{\text{km}} = \frac{2}{2 \log \text{nat}\, 1{,}07} \cdot \frac{1}{9} \frac{\text{Mi}}{\text{km}}$$

$$= \frac{2}{2 \cdot 0{,}0676} \cdot \frac{1}{9} \frac{\text{Mi}}{\text{km}} = 1{,}65 \frac{\text{Mi}}{\text{km}}.$$

$$V' = V \cdot \frac{0{,}1836}{1{,}65 + 0{,}1836} = 0{,}10 \cdot V = 1000 \text{ Volt}.$$

Auch jetzt noch beträgt die Spannung zwischen den beiden Mänteln 1000 Volt.

6. Kapazitätsverhältnisse eines Drehstromkabels bei beliebiger Form der Spannungskurve.

Wir haben im Kapitel I Abschnitt 9 folgende Sätze bewiesen:

1. Ist die Spannung durch Superposition einzelner Sinus schwingungen, deren Frequenzen sich wie 1 : 3 : 5 : 7 . . . . verhalten, entstanden, so findet man den Ladestrom, indem man die Ladeströme, die zu den einzelnen harmonischen Spannungskomponenten gehören, übereinanderlagert.

2. Die »scheinbare Kapazität« eines Dreileiterkabels Fig. 17 ist für alle harmonischen Spannungskomponenten, deren Ordnungszahl kein Vielfaches der Zahl 3 ist, gleich der »Betriebskapazität«

$$\gamma = \gamma_{11} - \gamma_{12}.$$

Für die harmonischen Spannungskomponenten, deren Ordnungszahl durch 3 teilbar ist, ist die »scheinbare Kapazität«

$$\gamma' = \gamma_{11} + 2\,\gamma_{12}.$$

Ist also die Phasenspannung durch die Formel

$$V_{1t} = E_{1m} \sin(\omega t + \alpha_1) + E_{3m} \sin(3\,\omega t + \alpha_3)$$
$$+ E_{5m} \sin(5\omega t + \alpha_5) + E_{7m} \sin(7\,\omega t + \alpha_7) + \ldots (40)$$

gegeben, so findet man den Ladestrom im Leiter (1) aus der Gleichung

$$\left.\begin{aligned} J_{1t} = 2\pi \sim \cdot \gamma \cdot E_{1m} \cos(\omega t + \alpha_1) + 3 \cdot 2\pi \sim \cdot \gamma' \\ \cdot E_{3m} \cos(3\,\omega t + \alpha_3) + 5 \cdot 2\pi \sim \cdot \gamma \\ \cdot E_{5m} \cos(5\,\omega t + \alpha_5) + 7 \cdot 2\pi \sim \cdot \gamma \\ \cdot E_{7m} \cos(7\,\omega t + \alpha_7) + \ldots . \text{ (c. g. s.)} \end{aligned}\right\} (41)$$

Bei dem von uns betrachteten Kabel war

$$\gamma_{11} = 0{,}0904 \frac{\text{Mi}}{\text{km}}, \quad \gamma_{12} = -0{,}0146 \frac{\text{Mi}}{\text{km}},$$

$$\gamma = \gamma_{11} - \gamma_{12} = 0{,}105 \frac{\text{Mi}}{\text{km}},$$

$$\gamma' = 0{,}0904 - 2 \cdot 0{,}0146 = 0{,}0612 \frac{\text{Mi}}{\text{km}}.$$

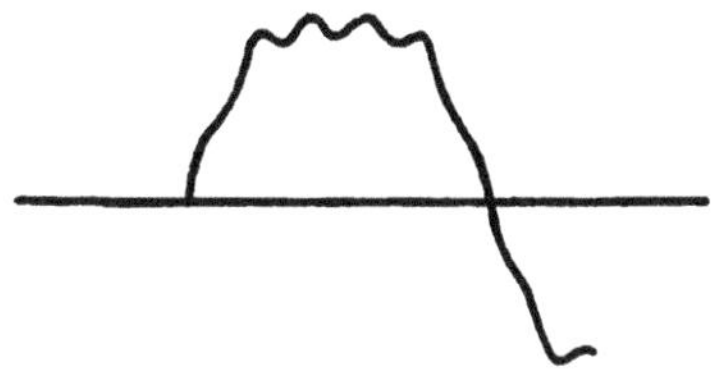

Fig. 39.

Die Phasenspannung nehmen wir der Formel

$$V_{1t} = (15000 \cdot \sin \omega t + 2500 \sin 3\,\omega t$$
$$+ 1200 \sin 11\,\omega t) \text{ Volt} \quad . \quad . \quad (42)$$

gemäß an (s. Fig. 39)[1]). Den effektiven Wert der Phasenspannung erhält man leicht durch folgende Überlegung: Nehmen wir vorübergehend an, die Formel für V_{1t} stelle einen Strom dar, der durch die Übereinanderlagerung der Ströme

$$15000 \sin \omega t, \quad 2500 \sin 3\,\omega t, \quad 1200 \sin 11\,\omega t$$

entstanden ist.

Die effektiven Werte dieser Ströme sind

$$\frac{1}{\sqrt{2}} \cdot 15000; \quad \frac{1}{\sqrt{2}} \cdot 2500; \quad \frac{1}{\sqrt{2}} \cdot 1200.$$

[1]) Diese Spannungskurve ist dem Werke von Dr. Benischke: »Die Grundgesetze der Wechselstromtechnik« entnommen.

In einem Widerstand w erzeugen diese Ströme die Wärmemengen

$$w\left(\frac{1}{\sqrt{2}}\cdot 15\,000\right)^2;\quad w\left(\frac{1}{\sqrt{2}}\cdot 2\,500\right)^2;\quad w\left(\frac{1}{\sqrt{2}}\cdot 1\,200\right)^2.$$

Ist der Effektivwert des zusammengesetzten Stromes J, so finden wir jetzt

$$w\cdot J^2 = w\left(\frac{1}{\sqrt{2}}\cdot 15\,000\right)^2 + w\left(\frac{1}{\sqrt{2}}\cdot 2\,500\right)^2 + w\left(\frac{1}{\sqrt{2}}\cdot 1\,200\right)^2$$

oder

$$J^2 = \frac{1}{2}(15000)^2 + \frac{1}{2}(2500)^2 + \frac{1}{2}(1200)^2$$

$$J = 10786.$$

Der Effektivwert der Phasenspannung (40) ist also

$$V = 10786 \text{ Volt.}$$

Der Ladestrom ist nach (41) gleich

$$\overset{\text{Amp.}}{J_{1t}} = 2\pi \sim \cdot \gamma^{\overline{\text{km}}^{\text{Mi}}} \cdot \overset{\text{Volt}}{E_{1m}} \cdot l^{\text{km}} \cdot 10^{-6}\cos(\omega t + \alpha_1)$$

$$+ 3\cdot 2\pi\sim\cdot\gamma'^{\overline{\text{km}}^{\text{Mi}}}\cdot \overset{\text{Volt}}{E_{3m}}\cdot l^{\text{km}}\cdot 10^{-6}\cdot\cos(3\omega t + \alpha_3) + \ldots$$

Wir finden also, da

$$\sim = 50\frac{1}{\text{sek}},\quad \alpha_1 = \alpha_3 = \alpha_{11} = 0,\quad l = 10^{\text{km}}$$

$$\overset{\text{Amp.}}{J_{1t}} = 2\pi\cdot 50\cdot 0{,}105^{\overline{\text{km}}^{\text{Mi}}}\cdot 15000^{\text{Volt}}\cdot 10^{\text{km}}\cdot 10^{-6}\cos(\omega t)$$

$$+ 3\cdot 2\pi\cdot 50\cdot 0{,}0612^{\overline{\text{km}}^{\text{Mi}}}\cdot 2500^{\text{Volt}}\cdot 10^{\text{km}}\cdot 10^{-6}\cos(3\omega t)$$

$$+ 11\cdot 2\pi\cdot 50\cdot 0{,}105^{\overline{\text{km}}^{\text{Mi}}}\cdot 1200^{\text{Volt}}\cdot 10^{\text{km}}\cdot 10^{-6}\cos(11\omega t);$$

$$J_{1t} = 4{,}94\cos(\omega t) + 1{,}44\cos(3\omega t) + 4{,}36\cos(11\omega t);\quad (43)$$

Der Effektivwert des Ladestromes ist

$$J_1 = \sqrt{\frac{1}{2}(4{,}94)^2 + \frac{1}{2}(1{,}44)^2 + \frac{1}{2}(4{,}36)^2}$$

$$J_1 = 4{,}77 \text{ Amp.}$$

Der Effektivwert der Phasenspannung ist

$$V = 10786 \text{ Volt.}$$

Rechnen wir mit diesen Zahlen die »scheinbare Kapazität« des Kabels aus der Formel

$$J^{\text{Amp.}} = 2\pi\sim\cdot\gamma^{\overline{\text{km}}^{\text{Mi}}}\cdot V^{\text{Volt}}\cdot l^{\text{km}}\cdot 10^{-6},$$

so finden wir

$$4{,}77 = 2\pi\cdot 50\cdot\gamma\cdot 10786\cdot 10\cdot 10^{-6};$$

$$\gamma = 0{,}14\,\frac{\text{Mi}}{\text{km}}.$$

Tatsächlich ist aber die »scheinbare Kapazität« für sinusförmige Spannungskurven

$$\gamma = 0{,}105\,\frac{\text{Mi}}{\text{km}}.$$

Der Unterschied beträgt $33{,}3\,\%$.

Ist die Spannungskurve keine Sinuslinie, so läßt sich das Kabel, wie wir wissen, durch einen Kondensator überhaupt nicht ersetzen.

Aus diesem Beispiele ersieht man, wie wichtig es ist, bei der experimentellen Bestimmung der »scheinbaren Kapazität« mit tunlichst sinusförmigen Spannungskurven zu arbeiten. Da die höheren harmonischen Spannungskomponenten um so mehr zu dem Ladestrom beitragen, je höher ihre Ordnungszahl ist, so wird die bei beliebiger Spannungskurve berechnete »scheinbare Kapazität« immer größer als die tatsächliche ausfallen.